자동차 케미컬 튜닝

Hello, Automobile Chemical Tuning

박일랑

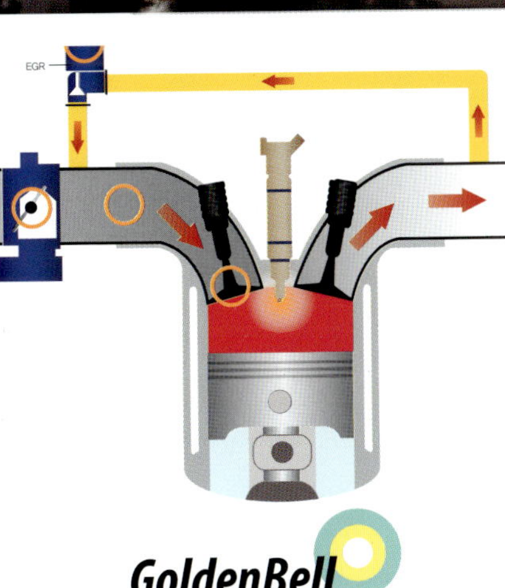

GoldenBell

자동차
케미컬 튜닝
Hello, Automobile
Chemical Tuning

근래에 들어 자동차정비시장은 환경적인 여러변화 요소들로 인해 정비물량이 급감하여 어느 때 보다 우리 정비인들이 힘든 시기인 것 같습니다.

그러나 이럴 때 일수록 우리는 "그럼에도 불구하고" 근성이 필요할 때가 아닌가 생각됩니다.

경기가 어려우니까 "그렇기 때문에" 힘들다. 낙담하지 말고 경기가 어렵지만 "그럼에도 불구하고" 나는 미래정비시장개척을 위해 앞으로 "무엇을 준비하며 어떻게 재투자를 해서 업소경쟁력을 가질 것인가?" 라는 준비된 의식과 깨어있는 생각이 필요합니다.

나만의 목표설정과 생각의 전환이 그 어느 때 보다 중요한 시기입니다.

바야흐로 정비인으로서 꿈과 희망을 가지고 가까이 있는 목표를 세워야할 때 입니다.

행복과 행운은 저절로 오는 것이 아니라 스스로 만들어 가는 것 이므로 어느 길을 갈지는 "당신이 어디로 가고 싶은가?" 마음먹기에 달려있다고 했습니다.

최근 정비현장에서는 정비수요가 비교적 많이 발생되는 CRDI, LPG차량은 물론 가솔린, GDI차량에 이르기까지 각 시스템의 정상화를 위한 수리작업과 병행하여 케미컬을 활용한 성능복원, 성능개선, 엔진 튠업 작업에 대한 정비수요와 관심이 꾸준히 증가하고 있는 실정입니다.

고객은 업체에 지불한 정비기술료 대비 정비결과에 대한 만족도와 감동이 무엇보다 중요하며 이는 곧 고객의 재방문과 차별화된 정비업체의 무한경쟁력으로서 작용합니다.

부품의 단순교환 작업으로는 정비사로서 고급기술력을 발휘하기에는 한계에 부딪히는 것이 현실 입니다.

정비인은 자동차가 단순히 교통수단이 아닌 운전자가 자부심을 가지고 신차를 부러워하지 않을 정도로 만족하며 충실한 애마로서 오랫동안 소장할 수 있도록 도와주어야 합니다.

그러기 위해서는 케미컬을 통한 주기적인 차량관리와 지속적인 성능유지방법을 정비사로서 바르게 정립히는 것이 열쇠인 것입니다.

케미컬 튜닝 정비가 수리비, 연비, 절세 등 경제적인 측면에서도 고객에게 몇 배의 득이 된다는 사실을 우리 정비인들과 함께 인식해야 할 것입니다.

스캔데이터 분석 시 엔진ECU입장에서 분석하듯이 업소이익 창출에 목적을 두기이전에 소비자입장에서 접근하여 고객만족이 우선적인 목표가 되어야 할 것입니다.

케미컬 튜닝 정비의 접목은 현장에서 실차시공 교육을 통하여 정비사가 결과에 대한 데이터를 비교, 분석하여 검증하고 시운전을 통하여 정비사와 운전자가 스스로 몸소 체험하는 것이 무엇보다 중요하나 여건상 현장의 모습을 담아 실차위주의 작업사진을 첨부하여 이해를 돕고자 노력하여 만들었습니다.

본 책자를 통해서 정비현장에서 추가적인 케미컬 정비메뉴를 접목시킬 수 있는 계기와 고객만족을 위한 올바른 케미컬 튜닝 시공을 위한 기초, 응용 자료는 물론, 고객응대 자료로 활용되기를 바라며, 고객을 위한 올바른 정비사로서 케미컬에 대한 인식전환의 계기와 "자동차 케미컬 튜닝" 에 대한 당위성을 찾으시길 기대합니다.

자동차 케미컬 튜닝

Hello, Automobile Chemical Tuning

자동차
케미컬 튜닝
Hello, Automobile
Chemical Tuning

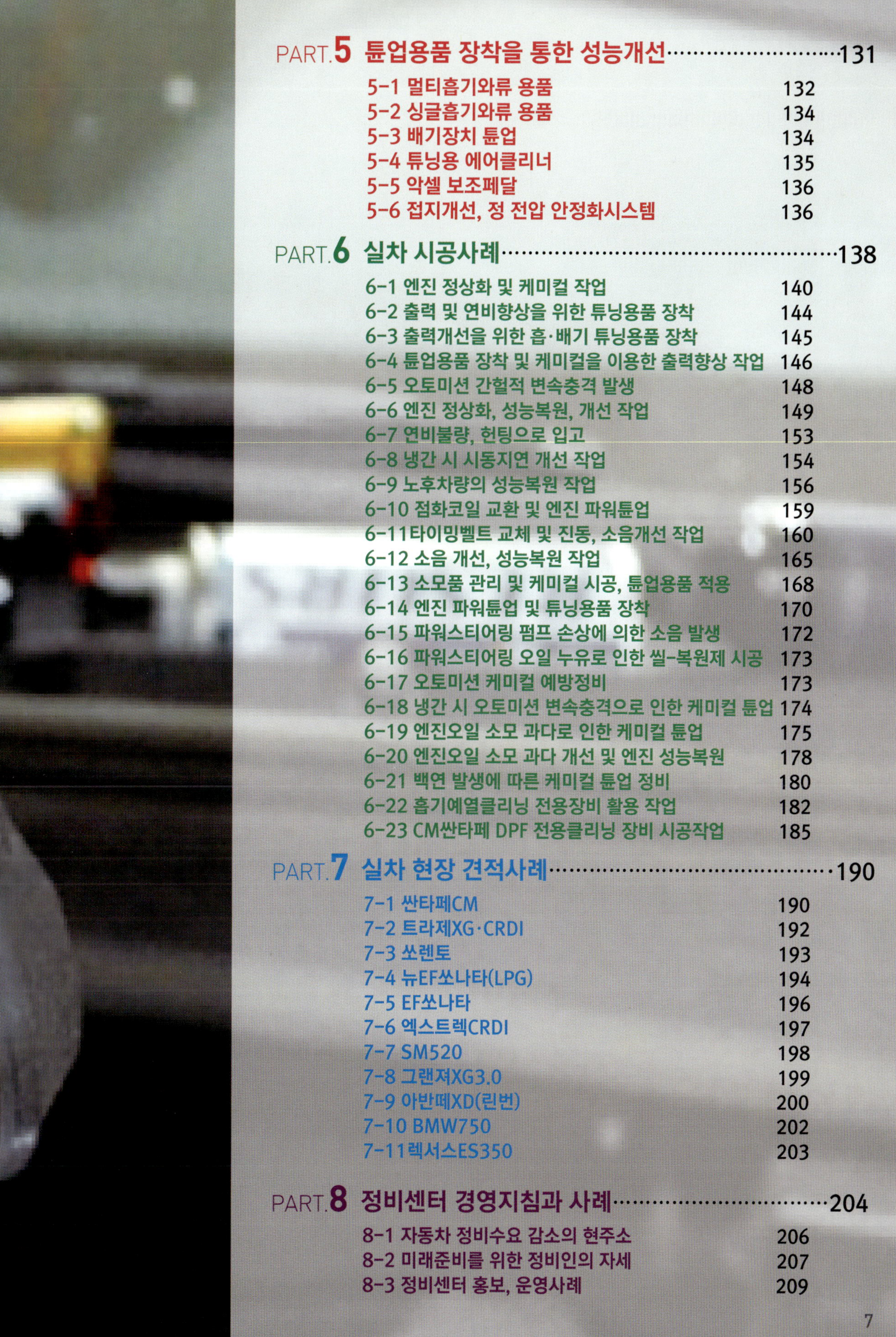

PART.0
차량의 소모품관리 길라잡이

올바른 냉각수 관리 기준

올바른 냉각수 관리 기준

방법	항목	적합범위	즉시 교환 범위	비 고
측정	빙점(농도)	5년 : −25℃(40%) ±5℃ 10년 : −30℃(45%) ±5℃	−45℃(60%) 이상시 교환 −20℃(35%) 이하시 교환	출고시 부동액 혼합비율 HG : 45% TG : 40%
	산도	7.8 이상	7.2 이하 시 교환	
	색깔 및 탁도	깨끗할 것	깨끗하지 않은 때	변색의 원인 : 1. 부동액의 변질에 의한 변색 (과열 또는 혼용) 2. 부식에 의한 변색
교환주기		5년 또는 10만km 10년 또는 20만km	즉시 교환 후 2년 또는 4만 km	

냉각수 상태 진단! (쉽고, 간단하고, 정확하게)

- ● 냉각수 빙점 측정
- ● 냉각수 산도 측정
- ● 냉각수 색깔 측정

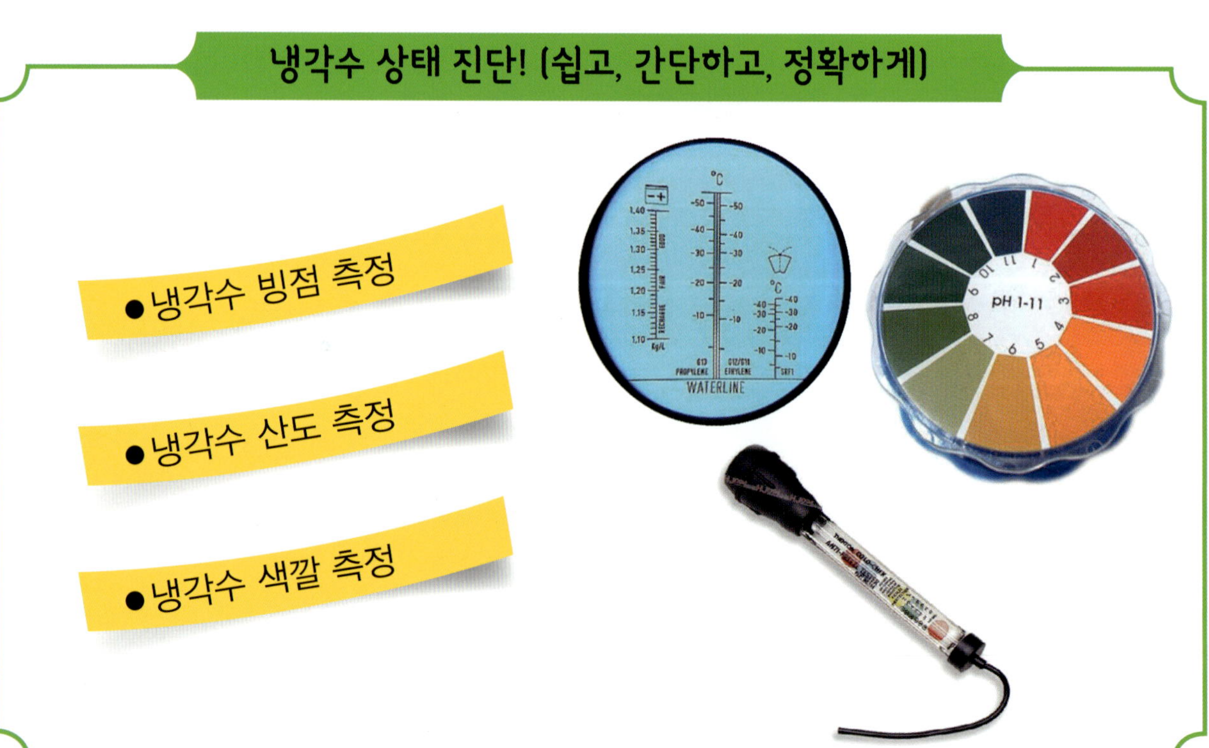

- **냉각 성능이 정상적으로 유지된다.**

- 연비 향상, 출력 증대로 인한 운전의 즐거움을 제공한다. (고객의 비용 절약)

- 냉각수/부동액의 화학적 변화를 방지하여 부식, 방청, 동결 등에 의한 엔진 문제를 해결할 수 있다. (엔진 내구성 증대)

- 엔진 냉각 성능 유지에 의해 에어컨에서의 열교환이 원활해져 냉방 성능을 쾌적하게 유지할 수 있다. (냉방 성능 향상)

- 냉각라인의 일부인 히터코어에서 열교환이 원활해져 쾌적한 난방 상태를 유지할 수 있다. (난방 성능 향상)

- 자동변속기 오일의 열관리가 좋아져 변속기 내구성 향상과 성능(변속품질) 이 유지된다. (자동변속기 내구성 및 변속 품질 향상)

현대자동차 취급설명서 부동액 혼합비율과 어는 점

- **냉각수 혼합 비율**

주위온도(℃)	냉각수 혼합비율	
	부동액	물
−15	35%	65%
−25	40%	60%
−35	50%	50%
−45	60%	40%

※ 차량 출고시 부동액 혼합비율은 45%입니다.
※ TG and XG: 부동액 혼합비율 40%

ENGINE 0-2

디젤 흡기 시스템

흡기시스템 불량에 따른 영향

- 흡기효율 저하
- EGR 고착
- 연비/출력 저하
- 시동불량

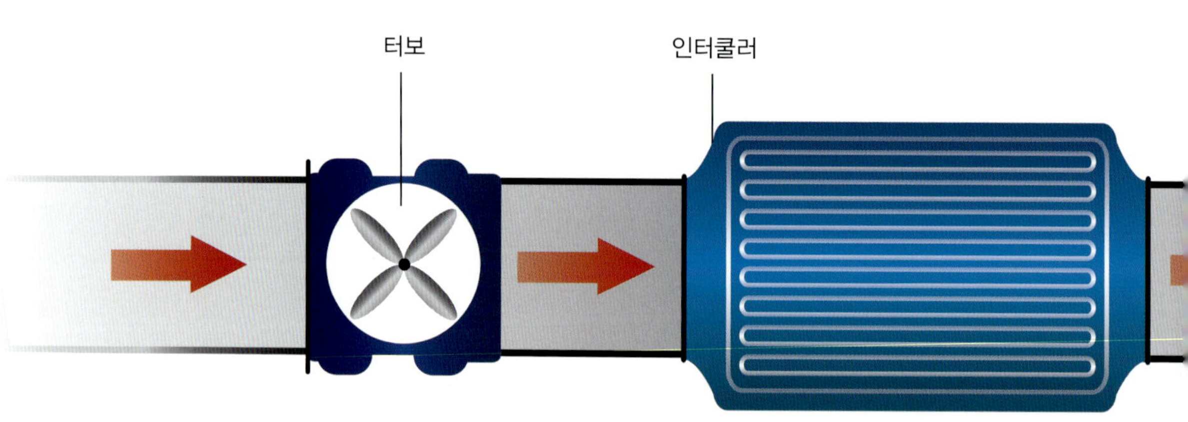

흡기매니폴드

디젤 흡기시스템 오염을 방치할 경우 흡기 효율 저하로 인한 출력 및 연비불량과 매연발생을 촉진시킵니다.

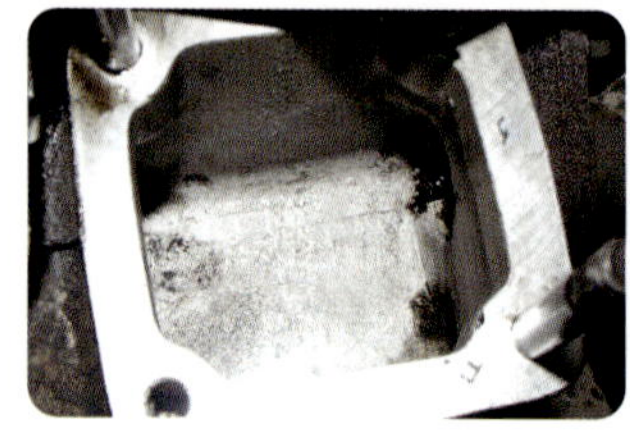

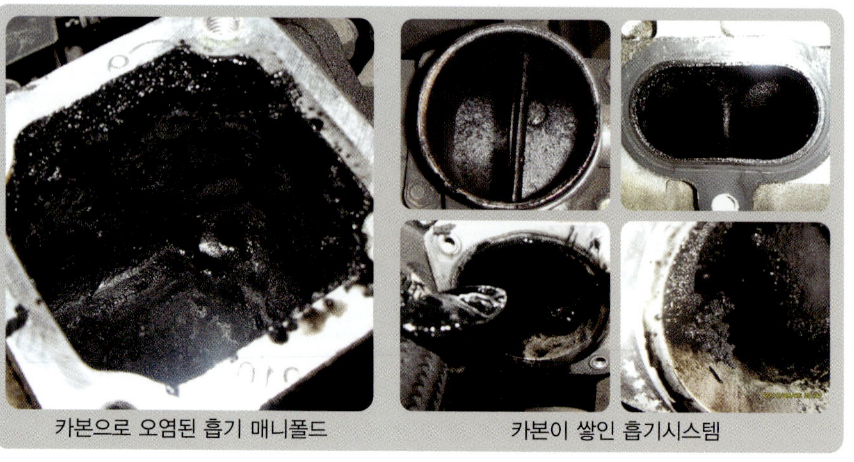

카본으로 오염된 흡기 매니폴드

카본이 쌓인 흡기시스템

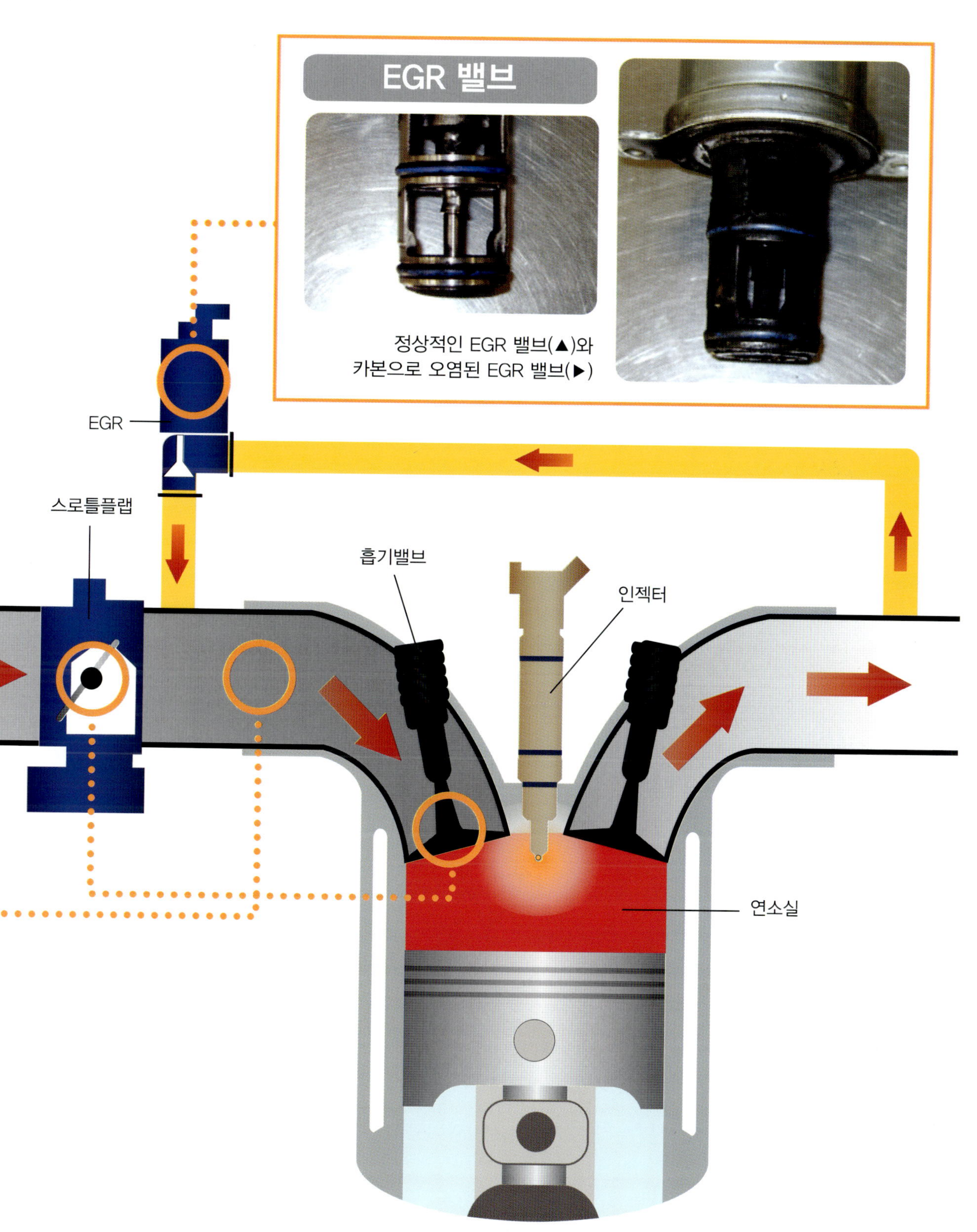

[디젤 흡기시스템 흐름도]

디젤 배기 시스템

● 배기시스템 불량에 따른 영향

- ☑ 흡기효율 저하
- ☑ 연비/출력 저하
- ☑ DPF 손상
- ☑ 매연 과다

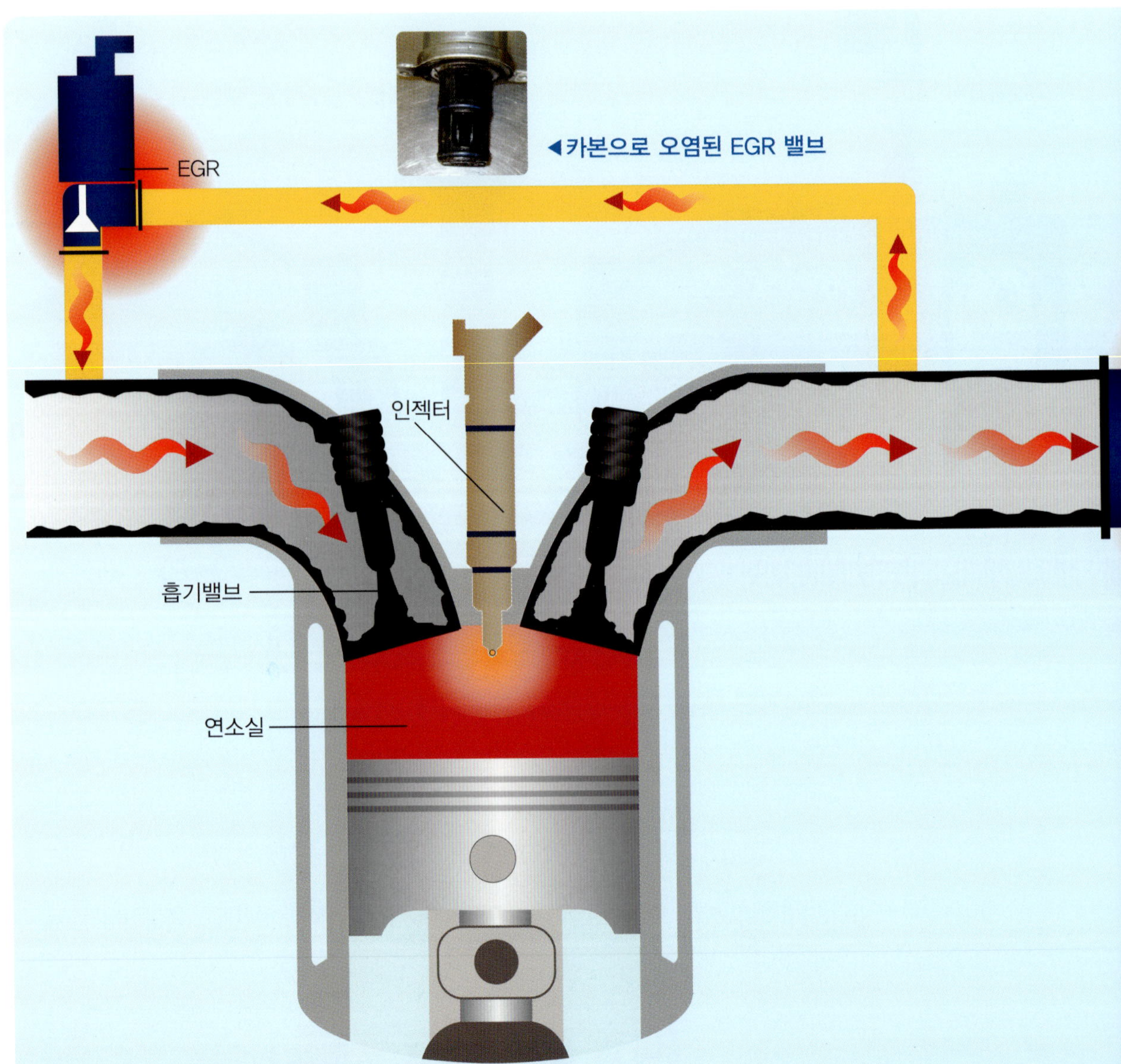

정상적인 디젤 배기시스템 흐름도

오염된 디젤 배기 시스템 흐름도

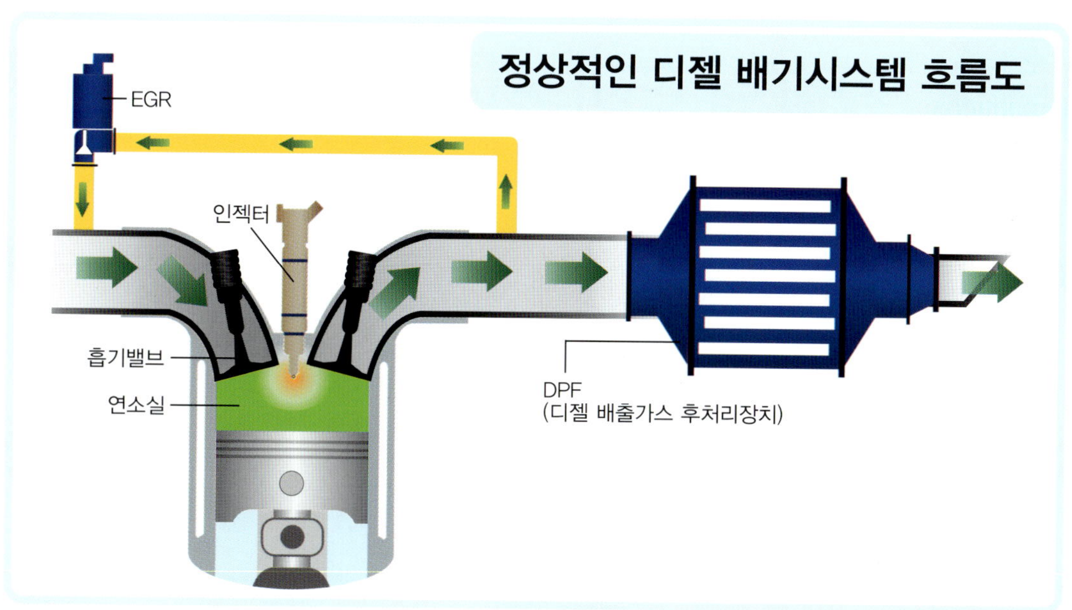

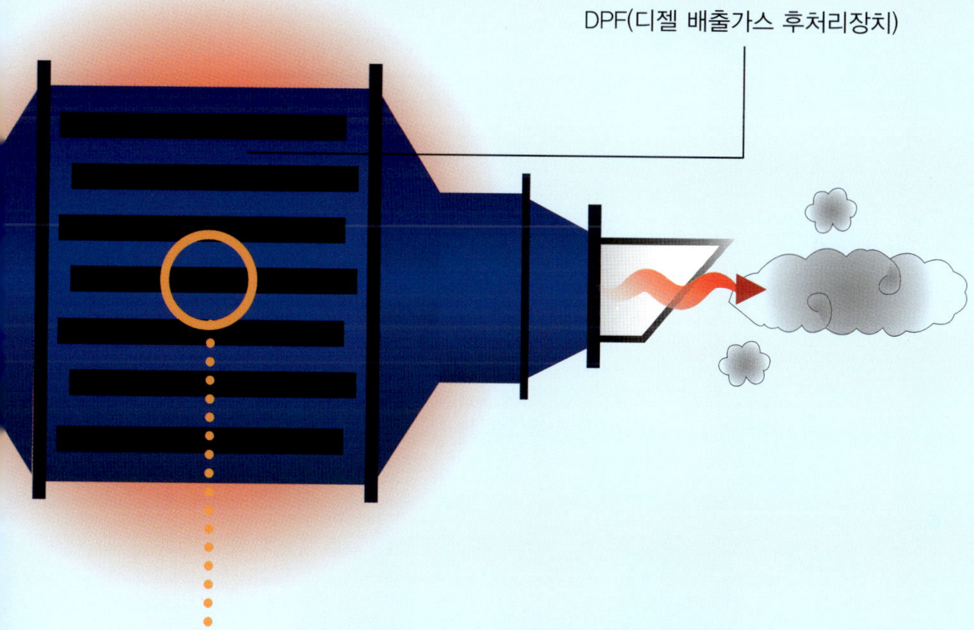

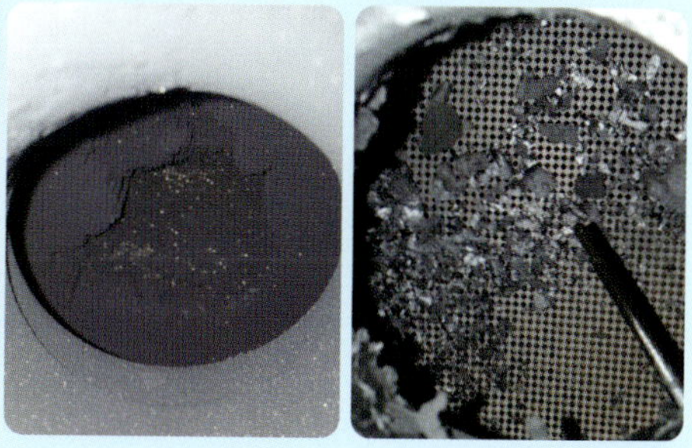

DPF

디젤 차량의 배기 시스템은 시내 주행위주의 차량에서 DPF 재생 조건을 충족시키지 못할 경우 그 분진이 지속적으로 쌓이게되어 결국 막히거나 파손되게 됩니다.

특히 잦은 제동, 짧은 주행거리 위주의 차량은 지속적인 관리가 필요합니다.

정상적인 DPF(좌)와 카본으로 오염된 DPF(우)

누적된 분진으로 오염되거나 파손된 DPF

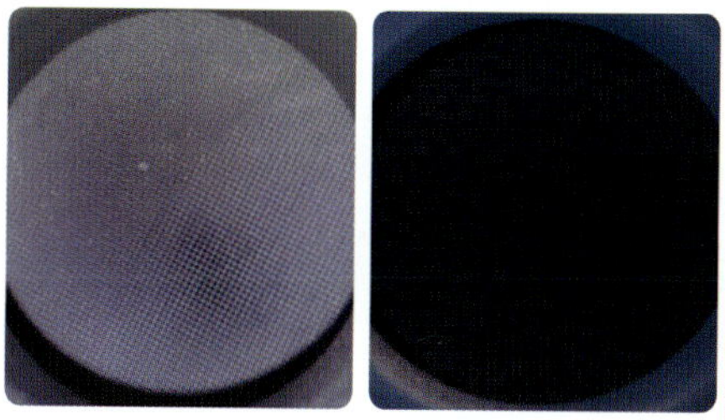

ENGINE 0-4

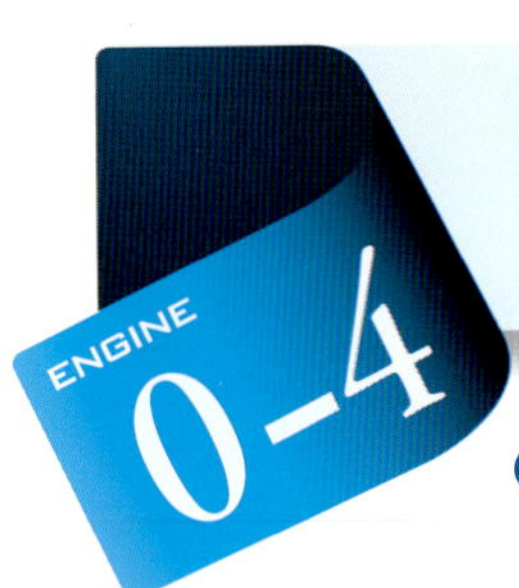

가솔린 GDI 시스템

● GDI 시스템 불량에 따른 영향

- ☑ 흡기효율 저하
- ☑ 연비/출력 저하
- ☑ 가속력 저하
- ☑ 노킹 발생

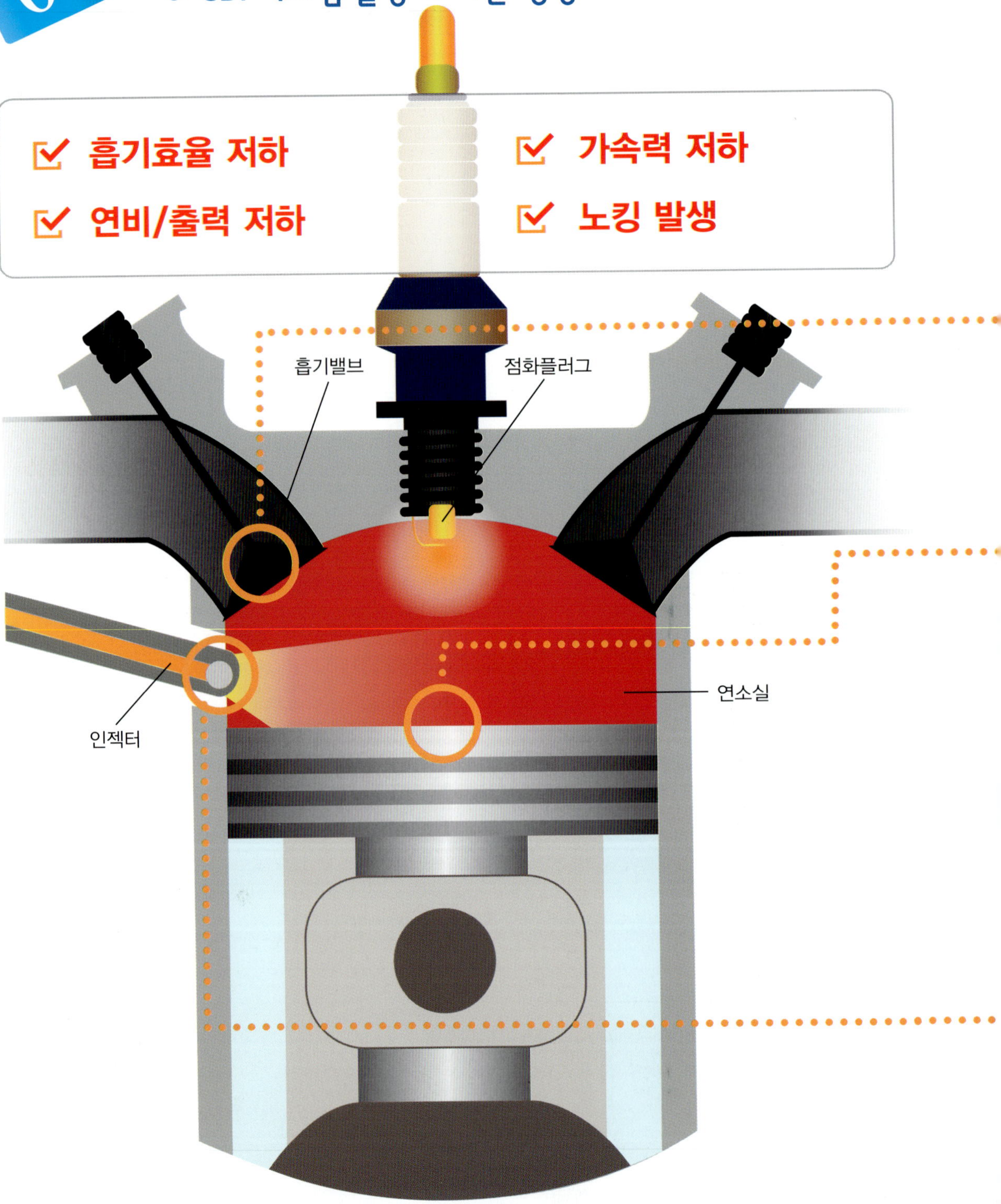

▲ GDI 엔진 구조도

밸브 상단 카본 누적으로 인한 흡기 효율 저하로 차량의 소음 · 진동 증가와 출력 및 연비 불량이 발생합니다.

카본으로 오염된 흡기밸브와 헤드부위

연소실 내부 카본 누적으로 노킹 및 불완전 연소가 발생되어 출력 및 연비불량으로 이어집니다.

카본으로 오염된 연소실

인젝터 노즐 팁의 카본 누적으로 인하여 분사패턴 왜곡으로 인한 연비 저하 현상이 발생합니다.

카본으로 오염된 GDI 인젝터

파워스티어링 시스템

● 파워스티어링 시스템 불량에 따른 영향

☑ 파워오일 누유   ☑ 시스템 내부 파손

☑ 무거운 핸들링   ☑ 주행중 사고 위험

파워 호스 누유 ▶

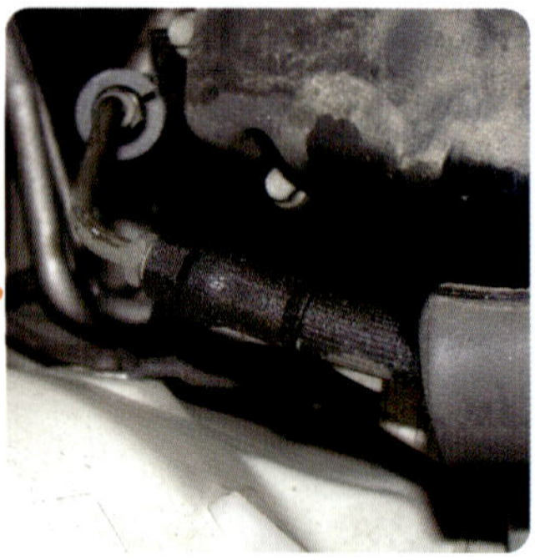

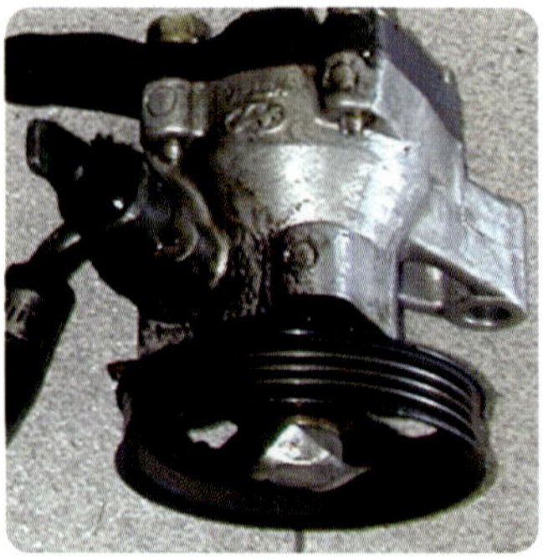

◀ 파워펌프 누유

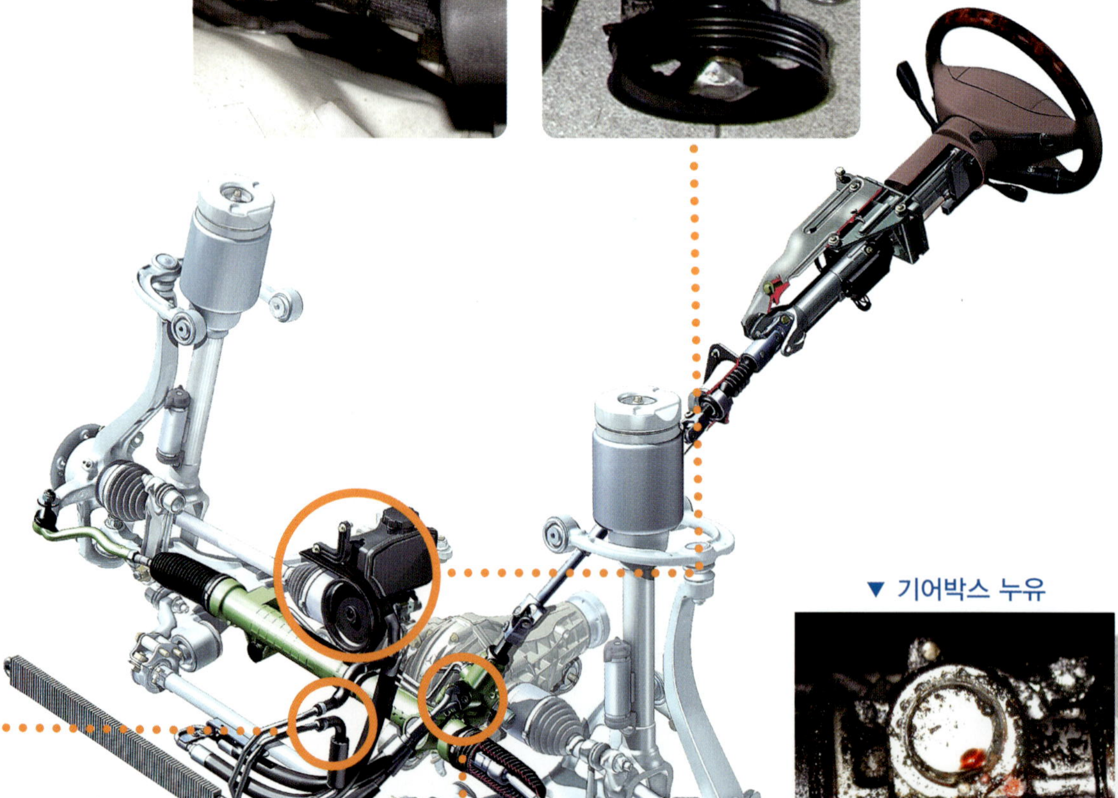

▼ 기어박스 누유

파워스티어링 시스템이란

조향장치인 파워스티어링 시스템은 내부에서 파워펌프에 의해 오일이 고압라인과 저압라인을 거쳐 순환합니다. 그러나 잦은 핸들조작과 충격압력에 의하여 라인이 노후되며 누유현상이 발생합니다. 비교적 적은 오일량으로 구동되는 파워시스템의 특성상 정기적인 오일상태 점검과 세척 및 오일 교환을 하지 않으면 자칫 대형사고로 연결되기도 합니다.

합성 파워오일의 장점

합성 파워오일의 경우 일반 광유계 오일과 비교했을 때 저온시에 핸들이 무거워지는 현상을 방지하는 기능과 고온에서의 점도 유지력이 좋아 조향성 향상에 도움을 줍니다.

파워스티어링 오일비교

깨끗한 파워스티어링 오일(좌)와 오염된 파워스티어링오일 (우)

파워스티어링 오일이 오염되거나 누유될 경우 시스템 내부 부품의 손상으로 이어져 주행중 심각한 위험을 초래할 수 있습니다. 또한 파워 오일의 점도 변화로 인해 겨울철 무거운 핸들 조작감이 발생하게 되며 이를 방치할 경우에도 마찬가지로 내부 손상으로 시스템에 심각한 문제가 발생하기도 합니다.

브레이크 패드

● 마모량

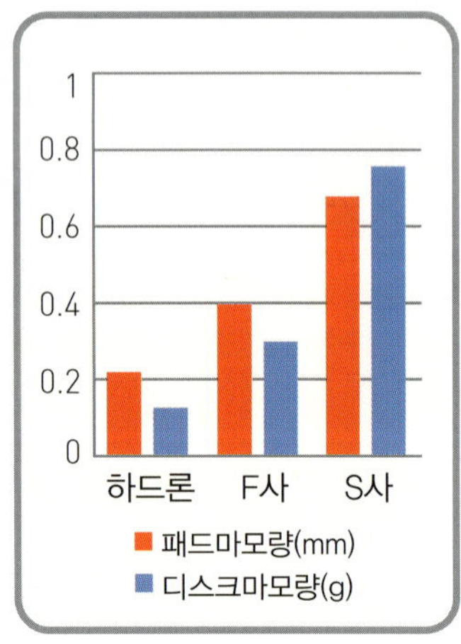

● 마찰계수(제동력)

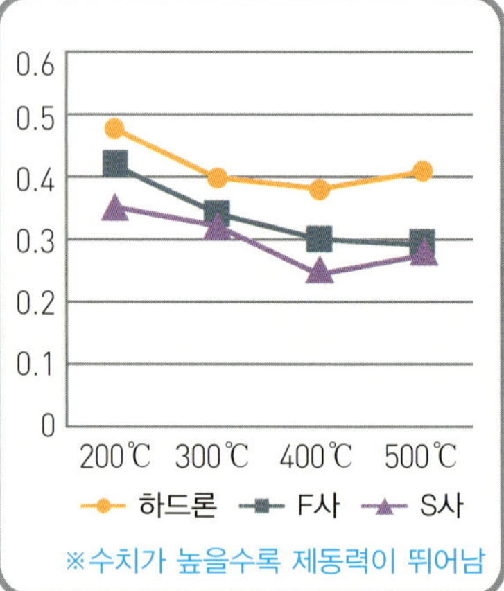

● 소음계수

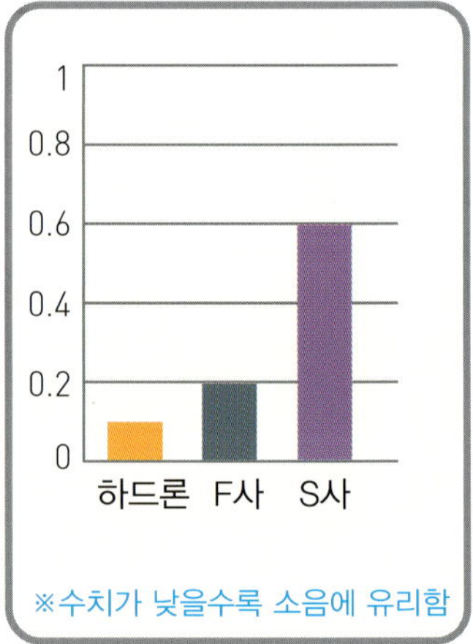

특징

◆ 악조건에서도 탁월한 제동력 유지

◆ 저소음, 저분진으로 편안한 승차감 및 정숙성

◆ 다양한 환경에서도 안전성 유지(세라믹 재질)

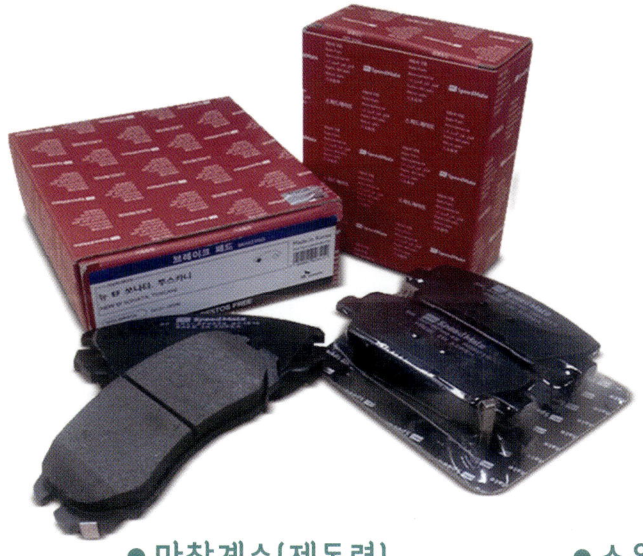

마모량

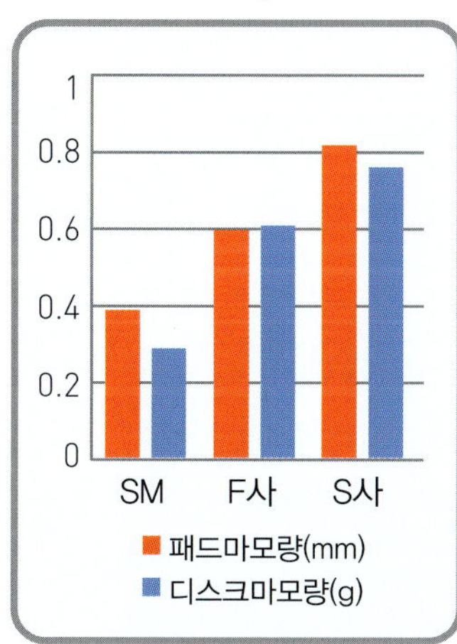

마찰계수(제동력)

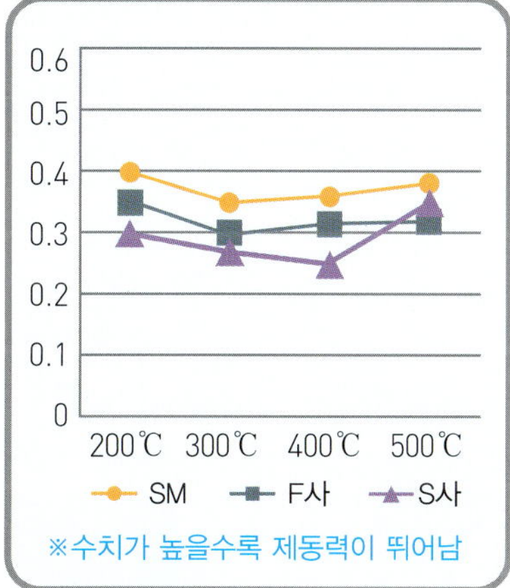

소음계수

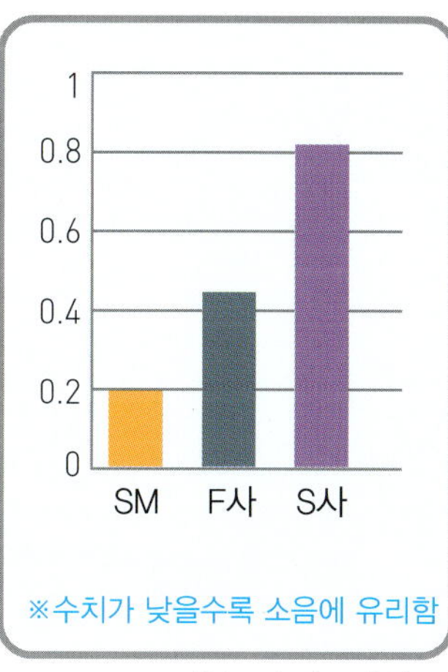

※SM : 스피드메이트

◆ 안정적인 제동력 유지

◆ 디스크 변형 최소화

◆ 고온 안정성 및 마찰계수 유지

실내 에어컨 / 히터 필터

제　품

특　징

(NF 쏘나타 기준)
• 3-Layer(Pre-Filter/MB/SB) 구조로서 안정적이면서도 탁월한 먼지 차단

효　과

• 차량 외부의 대기 중 부유물질 및 미세먼지 차단
• 에어컨 시스템의 보호

교환주기

• 통상 8,000~10,000km
• 대기오염이 심한 도로, 비포장도로 또는 과도한 에어컨 사용시에는 교환주기를 앞당겨 주어야 한다.

▲정상 실내 필터

▲오염 실내 필터

프리미엄 활성탄 실내 에어컨 / 히터 필터

(NF 쏘나타 기준)
- 독일 Freudenberg 사의 특수 정전처리 원단과 활성탄원단의 3층 구조
- 낮은 압력손실 대비 높은 효율

- 차량 외부의 대기 중 부유물질 및 미세먼지 차단
- 유해가스 흡착, 제거 (오존, 벤젠, 톨루엔 등)
- 불쾌하고 역한 냄새 제거

- 통상 8,000~10,000km
- 대기오염이 심한 도로, 비포장도로 또는 과도한 에어컨 사용시에는 교환주기를 앞당겨 주어야 한다.

▲정상 증발기 필터

▲오염된 증발기 필터

브레이크 오일

		DOT 3		DOT 4
건식 비등점 ℃		205℃		230℃
습식 비등점 ℃		140℃		155℃
성 분		피마자유 + 에틸렌글리콜(알코올)		피마자유 + 에틸렌글리콜 (알코올)

브레이크 액은 페달을 밟으면 브레이크마스터 실린더의 피스톤에 의해 압력이 형성되어 라인을 타고 브레이크 캘리퍼나 휠 실린더의 피스톤에 힘이 가해져 피스톤이 브레이크 라이닝을 드럼에 밀착시켜 자동차를 멈추게 합니다. 브레이크 액은 파스칼의 원리를 이용해 비압축성의 오일을 사용하는데 공기가 유입되어 있을 경우 페달을 밟아도 압력이 형성되지 않아 브레이크가 밀리거나 작동하지 않는 베이퍼 록 현상을 유발하기도 하며 브레이크 액 교환 주기는 매 2년 또는 40,000km 입니다.

베이퍼 록 (Vapor Lock) 현상

브레이크 액에 기포가 발생하여 브레이크가 제대로 작동하지 않는 현상

	DOT 5	DOT 5.1
	260°C	270°C
	–	190°C
	실리콘	피마자유 + 에틸렌글리콜(알코올)

타이어 증상별 원인

▲ 보도의 연석 및 장애물의 충격

▲ 심한 경우 휠 손상

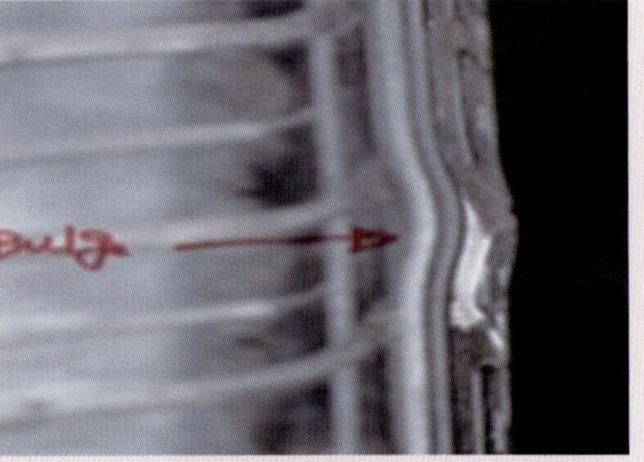

▲ 손상부위 X-Ray

▲ 코드 절상 내부

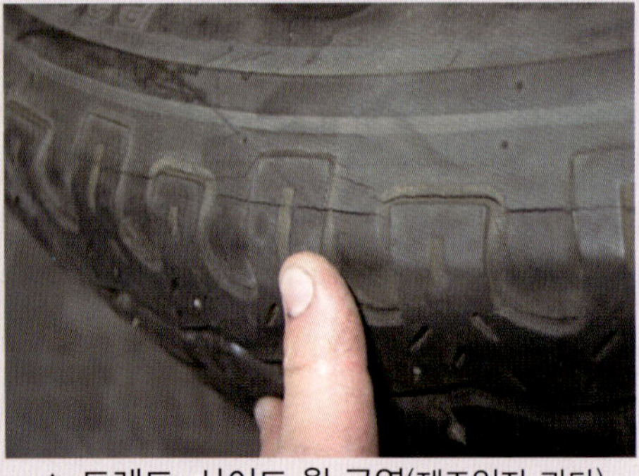

▲ 트레드, 사이드 월 균열(제조일자 과다)

▲ 타이어 편마모(링크, 부싱, 마운트, 휠얼라인먼트 불량 등)

▲ 찍힘(휠 & 코드지 손상)

▲ 사이드 월 찢어짐

▲ 측면 (사이드 월)

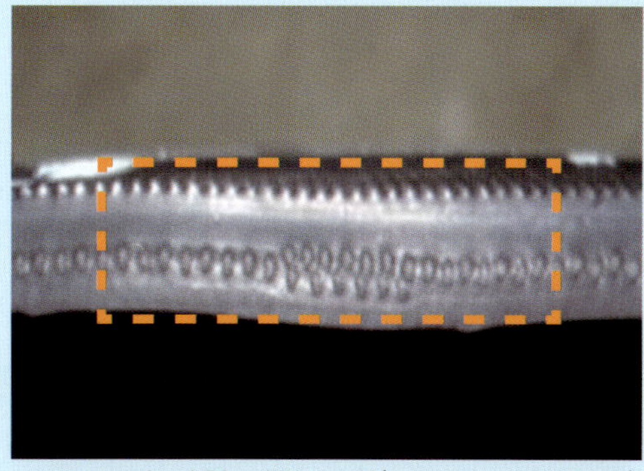

▲ 코드지 겹침 접합 부위(공정상 자연 발생)

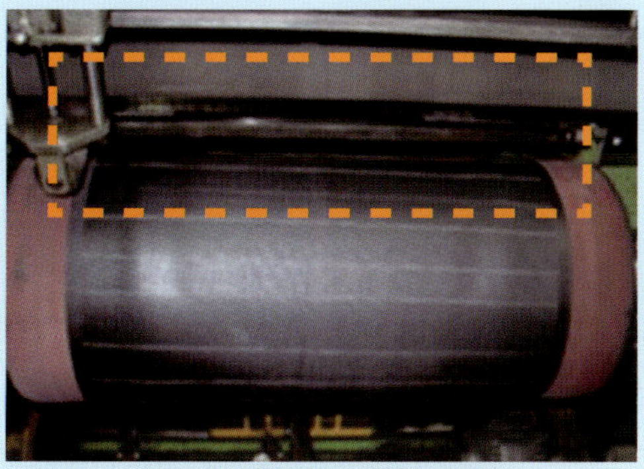

▲ 바디플라이 접합 공정

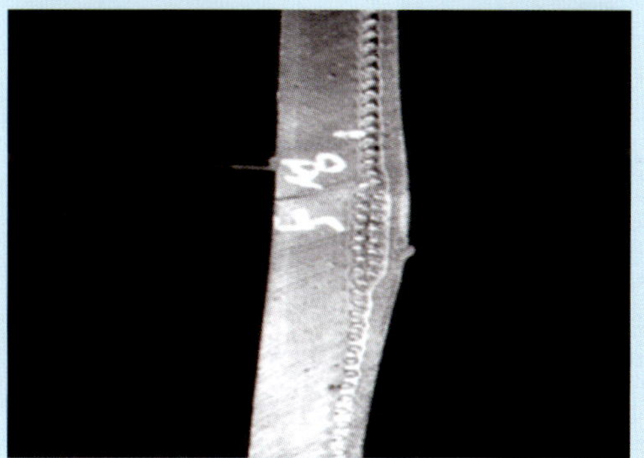

▲ 측면 X-Ray

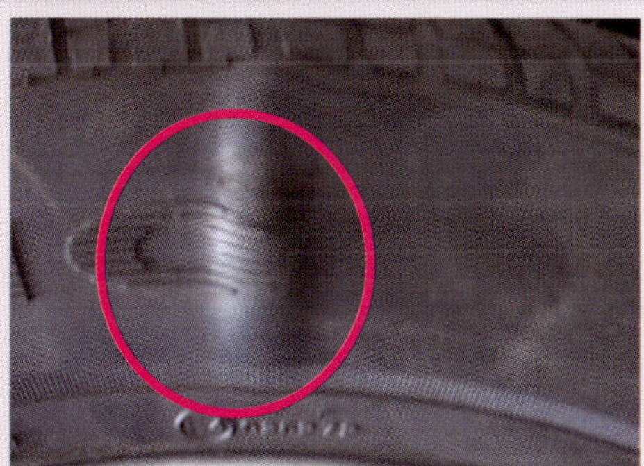

▲ 코드 절상 외부(바디플라이 코드가 끊어짐)

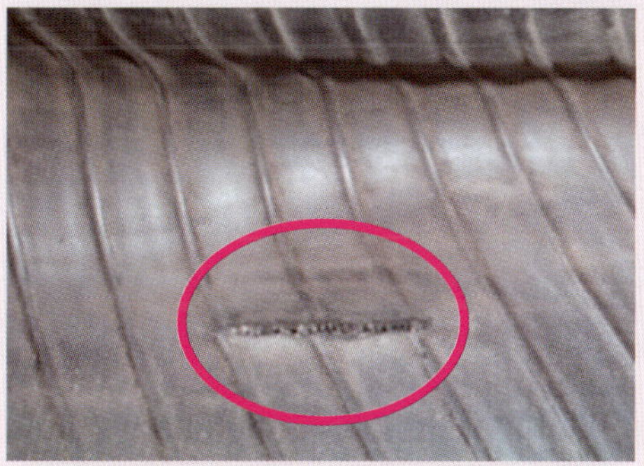

▲ 코드 절상 내부(인너 라이너가 찢어짐)

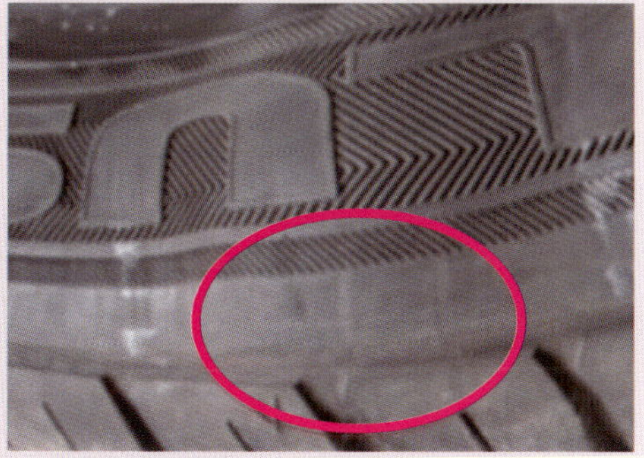

▲ 코드 절상 외부

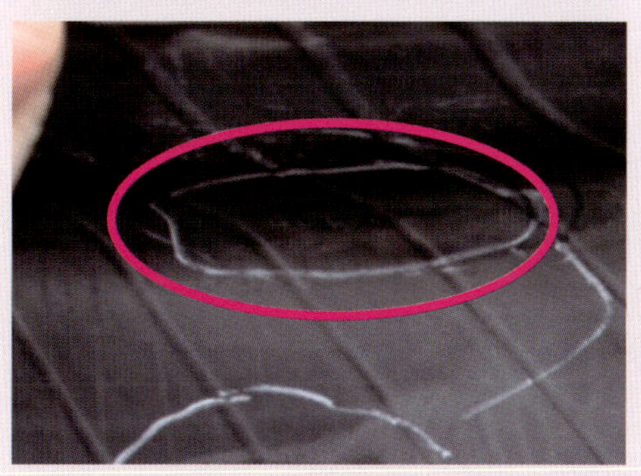

▲ 코드 절상 내부

점화 플러그

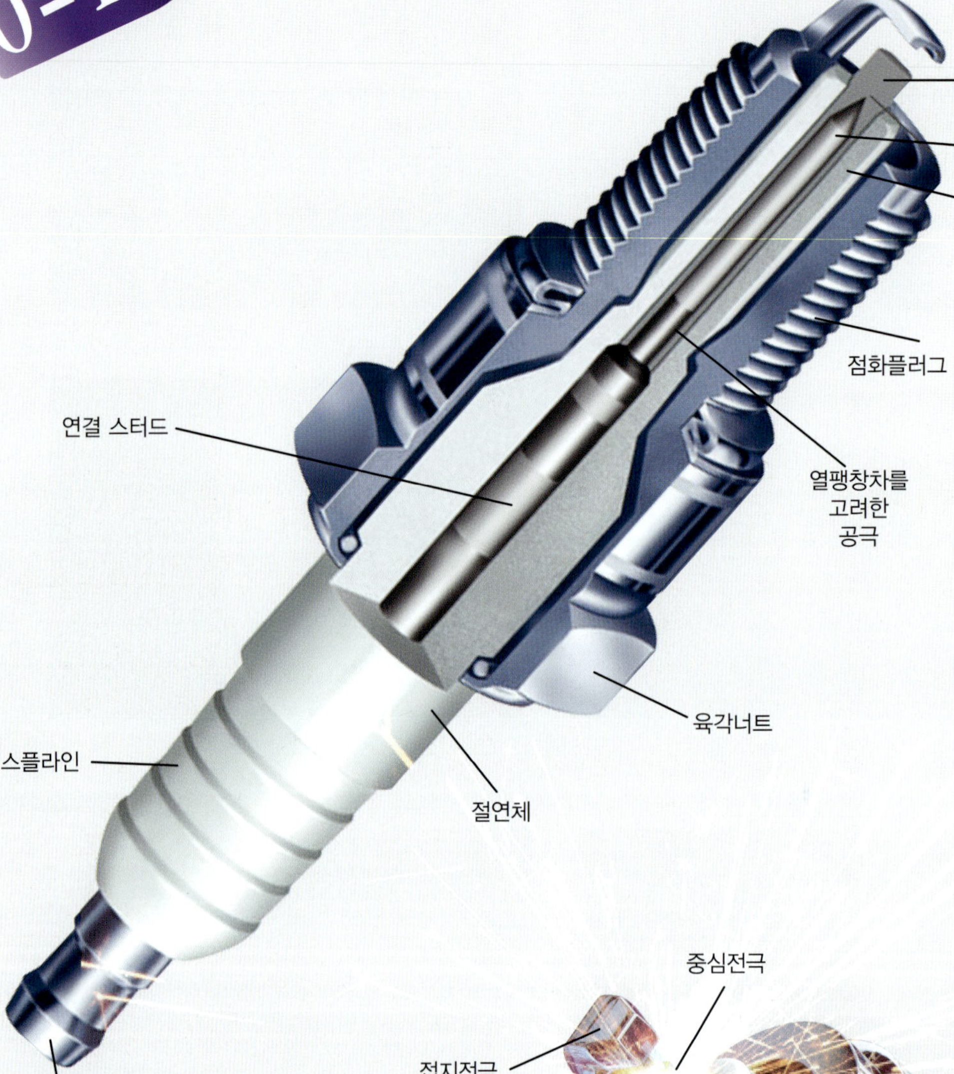

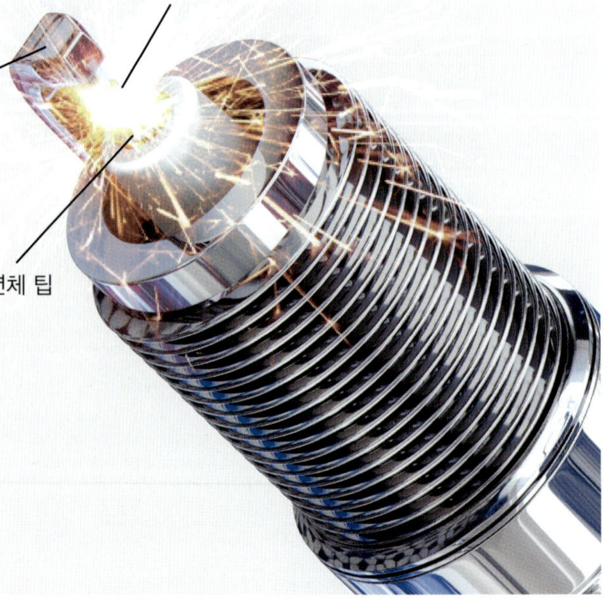

백금전극
금속 접촉핀
절연체 팁
점화플러그 본체
열팽창차를 고려한 공극
연결 스터드
육각너트
스플라인
절연체
터미널 너트
중심전극
접지전극
절연체 팁

일반 플러그(니켈합금 – Ni/Cu)

효 과	내수 155개 차종에 적용 가능 탁월한 내부식성 제공 저온 시동성 향상 및 발화성 개선 부식 및 끼임 방지 누전(Flashover)에 의한 실화 방지
교환주기	20,000km 초과

플레티넘 플러그(Double Platinum)

효 과	일반 제품 대비 약 3배 길어진 수명 탁월한 내부식성 제공 저온 시동성 및 발화성 개선 고착현상 방지 및 완벽한 내부식성 구현 누전(Flashover)에 의한 실화 방지
교환주기	80,000km 초과

이리듐 플러그(Double Iridium)

효 과	일반 제품 대비 약 4배 이상 길어진 수명 탁월한 착화력(Ignitability)으로 뛰어난 성능 구현 개선된 냉간 시동성, 향상된 오손 저항력, 특출한 내마모성 부드러운 가속성과 향상된 연료 효율성 보장 고착현상 방지 및 완벽한 내부식성 제공
교환주기	120,000km 초과

PART.1

케미컬 튠업 정비에 대한 이해

1-1 케미컬 튠업 정비의 필요성

1 1 1 엔진은 구조적 특성상 연소물질인 카본이 누적된다.

신차가 출고되어 운행을 시작한 후 부터 엔진 연소실 내부에는 열기관의 구조적 특성상 연소물질인 카본이 누적되어 쌓일 수 밖에 없다.

각 실린더 마다 불균일하게 퇴적 된 카본은 완전연소를 방해하며 폭발력을 떨어뜨려 엔진 실린더의 파워회전 밸런스를 무너뜨리게 된다.

이로 인해 엔진진동 및 소음발생, 출력, 연비, 기계장치의 내구성 저하로 이어질 수 있다.

특히, 가솔린 MPI엔진의 경우 인젝터에서 분사된 연료가 흡기밸브 주위의 카본퇴적물에 흡착되어 기화되지 못할 경우 스로틀플랩 개도에 따른 흡기부엔진파워튠업 시공압 변화 에 따라 연료 덩어리가 연소실에 불균일하게 빨려 들어가게 된다. 이때, 카본에 흡착된 연료가 엔진 컴퓨터의 이론공연비 피드백제어와 무관하게 연소실에 유입됨으로 공회전이 불량해지고 심지어 엔진이 갑자기 정지되는 고장사례가 있었다.

이 경우 기계적, 혹은 제어계통의 문제로 오진할 수 있겠으나 간단한 흡기카본 클리닝으로 해결할 수 있었다.

즉, 엔진은 구조적 특성상, 카본과 열에서 자가 회복할 수 없으므로 이런 퇴적물들을 인위적으로 관리해 주어야 각 시스템이 정상적으로 작동할 수 있는 것이다.

엔진오일라인의 슬러지는 자동차 심장에 부담을 준다.

엔진오일은 대기중의 공기(O_2, N_2)에 의한 수분유입과 고온의 엔진열과 미연소가스로 인한 산화로 열화가 촉진되어 화학적 및 물리적 성질이 나빠지게 된다. 엔진오일라인에 있어 퇴적물인 슬러지를 방치할 경우 윤활이 고르지 못하게 되어 자동차의 심장인 엔진에 부담을 주게 된다.

즉, 엔진오일 교환주기는 산화와 열화에 따른 슬러지생성을 고려한 것이다.

특히, 단거리 시내운행 차량의 경우 엔진오일라인에 흡착된 수분조차 증발할 시간과 열이 부족하므로 자기청정온도 미달로 인해 과도한 슬러지가 쌓이게 된다. 이로 인해 엔진의 국부적인 과열, 기계적손상과 밸브리프트 유압부족에 의한 엔진 압축압력 불량으로 이어져 엔진 파워밸런스가 무너질 수 있다.

이를 미연에 적극적으로 예방할 수 있는 정비방법과 이미 발생된 문제에 대해 해결할 수 있는 정비방법이 필요하다.

단품교환 정비개념이 아닌 케미컬을 활용한 새로운 정비관리개념의 접목이 필요한 것이다.

엔진을 비롯한 미션계통, 성능개선 및 유압트러블정비, 냉각계통 및 실린더 헤드가스켓의 누수 등의 치료와 각 종 시스템의 증상에 따른 차선책의 정비방법으로 적극 활용할 수 있다.

1 1 3   각 시스템의 밸런스를 맞추는 작업이다.

예방정비, 성능복원, 연비개선을 목적으로 하는 케미컬 시공의 경우는 예외이나 뚜렷한 엔진부조, 출력부족, 엔진오일 과다소모, 배기구에서 다량의 백연발생 등의 구체적인 수리를 목적으로 케미컬 정비작업 시에는 시공 전 진단작업이 무엇보다 중요하다. 가령, 기계적으로 피스톤링이 파손된 상태에서는 케미컬 시공 자체는 무의미 할 수 있다.

케미컬 시공 전에 자체시스템의 문제점은 없는지 살피는 기술적인 진단과정이 케미컬 정비 효과에 대한 만족도가 결정되는 중요한 출발점이다.

어떤 방법으로 시스템에 손상을 주지 않고 슬러지를 깨끗하고 편리하게 제거하느냐가 케미컬 튜업 정비의 과정이며, 이후 그 동안 손상된 부위를 부품교체없이 최대한 복원 또는 유지, 개선하는 작업을 병행하는 것이 케미컬 튜업 정비의 마무리 과정이라 할 수 있다.

케미컬 튜업 정비는 문제가 발생된 차량의 각 시스템을 분해하지 않고 시간과 비용을 절감하여 본래의 성능 또는, 그 이상의 성능이 발휘될 수 있도록 기계적인 각 시스템의 밸런스를 맞추는 작업이다.

산화와 열화로 인한 퇴적물에 의해 회전밸런스가 무너지게 되면 고 회전일수록 불균일한 회전력으로 부품마모촉진과 엔진의 부하로 작용하게 된다.

엔진에 있어서는 흡입, 압축, 폭발, 배기, 점화, 연료 등 각 계통의 균일한 밸런스가 만들어져야 부드러운 회전을 구현할 수 있으며 이를 관리함으로서 주행거리, 연식과 관계없이 최상의 회전밸런스를 만들 수 있는 것이다.

열기관은 공급된 열로부터 얼마만큼의 일을 얻을 수 있는지를 생각할 때, 얻을 수 있는 일의 비율이 크면 클수록 그 기관은 쓸모 있다고 할 수 있다. 여기서 얻어지는 일과 공급되는 열의 비율을 효율이라 하며, 최대효율을 얻기 위해서는 무엇보다 최상의 엔진 회전밸런스가 중요하다.

1 1 4 최선의 경제적인 차량관리법이다.

이미 노후 된 차량은 그 성능을 복원하는데 많은 시간과 비용이 필요하므로 신차때부터 지속적이고 정기적인 케미컬관리로 각 시스템 성능의 저하와 노후를 미리예방 할 필요가 있다.

또한, 그 이상의 차량성능으로 업그레이드할 수 있는 정비기술이 필요하다.

엔진은 열에너지를 기계적 운동에너지로 변환하는 것이나 이 열에 의해 퇴적된 슬러지의 효과적인 관리가 자동차 예방정비에 있어 우선되어야 한다.

이는 잦은 수리비용 지출과, 출력저하에 따른 연비저하로 인한 연간 경제적손실 또한 장기적으로 본다면 운전자 입장에서도 분명 큰 손해라 할 수 있다. 차량의 누적된 운행거리와 노후로 인한 각종문제가 발생되기 이전에 소모품관리와 더불어 케미컬을 활용하여 관리해 주는 것이 운전자 입장에서도 득이 되는 가장 경제적인 차량관리법이라 할 수 있다.

1 1 5 운전자와 정비사가 함께 만족할 수 있는 정비방법이다.

현재, 정비시장에서는 아무리 뛰어난 이론과 기술, 육감으로 정비를 하더라도 열악한 정비환경과 단순 탈, 부착 교환정비로써는 고급기술력을 발휘하기에는 한계성에 부딪혀 엔지니어로서 생존 한계를 느낄 수 밖에 없는 상황에 이르렀다.

근본적으로 차량정비의 첫 번째는 지금과 같은 엔진 정상화를 위한 단순소모품의 정기적인 관리와 수리, 교환 작업이 필수이나 다음으로 케미컬을 활용한 차량관리의 응용이 중요하다.

이미 발생된 고장의 경우 차량상태의 정밀분석, 불량부품의 진단을 통한 고장수리가 선행되어야 하나 한발 앞서 그러한 고장을 사전에 적극적으로 예방하고 본래의 성능을 떨어뜨리지 않고 유지, 관리하는 최상의 정비방법이 케미컬 파워 튠업 정비다.

일반적인 정비작업 외에 케미컬 정비의 추가적인 작업을 위해서는 고객과의 신뢰가 중요하며 차량의 올바른 관리로 고객에게 득을 준다는 개념을 가질 필요가 있으며 고객에게 절대 강요하지 말고 케미컬 차량관리의 장점을 설명하고 고지하여 선택권을 줄 수 있도록 노력 할 필요가있다. 케미컬 정비는 단계별, 파트별 시공을 통한 정비범위와 견적을 나눠 조절할 수 있으며 차량의 저하된 성능복원 등 시공결과에 대한 만족도를 고객 스스로 운행을 통해 체험함으로써 운전자와 정비사가 함께 만족하는 것에 목적을 두는 것이 무엇보다 중요하다.

즉, 고객입장에서 견적대비 정비결과가 아주 감동적 이어야하며 정비사 입장에서는 원가대비,

첫째 고객 감동지수와 둘째 기술료, 공임율을 높일 수 있어야하는 것이다.

1 1 6 무한한 정비영업시장이 개척된다.

케미컬 튠업 정비는 정비사로서 유해배출가스를 저감시키고 지구 대기환경보존에 기여함은 물론, 고객에게는 자동차에 대한 만족감과 편안한 드라이빙을 구현하여 연비향상에 따른 경제적인 이득까지 줄 수 있다.

업소의 정비메뉴로 접목되었을 때 기존의 모든 고객은 신규고객이 되며 시공결과에 대한 고객감동의 순환과 입소문으로 고객유치와 업소경쟁력의 중요한 요소로 작용한다. 이는 케미컬 튠업 정비의 특별한 효과로 업소 신 메뉴 창출로서 무한한 영업시장을 개척할 수 있다.

1 1 7 제품이 아닌 기술을 판매한다는 개념이 중요하다.

케미컬 시공에 있어 실차자체 시스템의 유체압력과 순환기능, 열을 이용하는 것만으로도 충분한 케미컬 시공을 할 수 있으므로 고가의 장비가 꼭 필요치는 않다.

간단한 기능성장비와 시스템 시공부위에 따른 다양한 제품을 구비만으로도 충분한 케미컬 튜업정비가 가능하므로 초기투자비용이 매우 저렴하다.

무엇보다도 케미컬 제품의 단품을 판매하여 이윤을 남기는 것이 아니라 정비사로서 자동차의 시스템 밸런스를 잡는 기술과 노하우를 판매한다는 개념이 중요하다.

시공 후 모아둔 케미컬 케이스는 고객에게 홍보효과가 있다.

1-2 케미컬 정비 제품의 요구사항

1 2 1 제품 안전성

기계적 각 시스템을 보호, 오랜 검증기간 확보(효과는1~100%, 문제점은0%)

1 2 2 시공의 편의성

정비, 작업시간 단축, 적은 노동력(인력), 장비규모(리프트 수)증설 불필요

1 2 3 시공효과의 확실성

제품에 대한 신뢰로 고객감동, 신규고객 창출, 지인소개, 영업확대효과를 위해 케미컬 시공 효과에 대해 고객의 직접적인 체험을 통한 학습으로 지속적인 차량관리의 연결고리 역할을 할 수 있어야 한다.

1 2 4 시공효과의 지속성

신차, 노후차에 관계없이 성능을 향상, 시공 후에도 일정기간 효과가 지속되어야 한다.

1 2 5 전문가 시공용 제품

전문가를 위해 개발, 판매하는 세분화 된 제품으로써 사용법이 다소 까다롭더라도 업소의 뛰어난 기술력, 노하우로 응용할 수 있어야 한다.

1 2 6 제품단가의 경쟁력

인터넷을 포함한 단가경쟁력확보와 시공제품에 대한 원가대비 품질에 대한 충분한 경쟁력이 있어야 한다.

1 2 7 제품의 다양성

자동차의 증상에 따른 다양한 케미컬제품을 보유한 회사의 단일유통 제품으로 선정하여 취급하는 것이 초기에 케미컬을 업소에 접목하기가 편리하다. 엔진, 미션, 냉각계통은 물론, 각 시스템에 대한 치료, 개선, 복원 등 다양한 적용부위의 제품을 구비해야 한다.

1-3 케미컬 시공 전 점검 및 관련사항

엔진 및 각 시스템의 구조적, 기능적인 정상화 수리작업을 우선적으로 선행하며 차량의 출고연식, 총 주행거리, 운행조건(냉간, 열간), 평소 차량의 관리상태에 따른 알맞은 진단, 처방, 시공이 이루어 져야 한다.

1 3 1 케미컬 시공 전 점검사항

a. 압축압력과 관련하여 기계공학적 손상이 없어야 한다.(예: 피스톤, 헤드, 밸브간극, 캠축)

b. 점화시스템(파워TR, 점화코일, 플러그, 배선, 캡, 로터 등)과 점화, 기계적 타이밍이 정상이어야 한다.

c. 공기흡입시스템이 예정대로 작동하여야 한다. (예: 흡기누설, 에어클리너 막힘, 스로틀밸브, 예열장치 등)

d. 연료계통에 치명적인 손상이 없어야 한다. (예: 연료압력, 필터, 압력조절, 인젝터, 전원, 접지 등)

e. 각각의 센서 입력신호에 의한 ECU 출력액추에이터, 인젝터작동 등 제어계통이 정상작동되어야 한다.

f. 배출가스 정화계통이 정상이어야 한다. (예: 블로바이, 연료증발, EGR가스, 삼원촉매장치 등)

g. 냉각시스템이 정상작동하고 발전기충전이 적절해야 한다.

h. 스캔데이터 점검과 필요시 흡기계통, 엔진오일라인 슬러지 퇴적 량을 참고한다.

1 3 2 케미컬 시공 시 관련사항

a. 시공법을 따르지 않고 정비사가 임의로 시공 량, 시공시간을 응용하여 과신, 남용하여 발생 되는 부작용에 유의한다.

b. 시공 전 진단 과정철저– 단품교환 작업과 케미컬을 병행한 작업이 필요한지 판단한다.

c. 오너로서 검증작업이 필수– 케미컬이 업소에 꼭 필요한 정비의 한 과정으로 자리잡기까지는 객관적인 시공 전, 후 데이터 비교 검증과 시공자의 직접적인 체험이 필수이다. 정비사로서 확신이 없는 초기에는 본인, 직원, 지인과 단골고객 차량에 시공을 통한 데이터 비교, 분석, 체험, 모니터링 방법으로 검증하는 것을 우선한다.

d. 고객의 만족도 확인– 출고 후 해피콜로 작업결과에 대한 고객만족도 확인이 필요하다. 케미컬 정비의 진단, 처방, 시공효과에 대한 확신이 생길 때 까지 지속적인 노력과 데이터수집이 필요하다.

1-4 케미컬 튠업 정비의 단계별 작업흐름도

차량입고 단계→고객상담 단계→시운전(시공 전) 단계→차량진단 단계→견적상담 단계→실차처방 단계→실차시공 단계→시운전 (시공 후) 단계→결과검증 단계→차량출고 단계

1 4 1 차량입고 단계

차량연식에 따른 총 주행거리, 시내, 장거리운행 비중 등 차량의 운행조건 및 운행성향, 차량의 노후정도를 파악한다. 흡기계통, 오일캡과 오일레벨게이지 오염정도로써 간접 확인한다.

1 4 2 고객상담 단계

고객상담과 문진을 통하여 최근수리이력, 부품교체내역, 정비주기와 현재 차량에 있어 오너가 느끼는 차량의 불편한 점, 문제점을 고객의 입장으로 정확히 숙지한다.
(출력부족, 가속불량, 매연, 소음, 엔진오일 소모과다, 연비불만 등의 사항을 접수한다.)

1 4 3 시운전(시공전) 단계

차량시운전을 통해 고객의 요구사항과 실제 차량상태를 객관적으로 비교, 확인한다. 필요시 데이터수집, 사진촬영으로 출고 시 고객에게 최종 시운전결과 데이터와 비교하여 설명한다.

1 4 4 차량진단 단계

기계적 시스템 파손여부, 시스템의 정상화 여부, 기본적인 전체항목 점검 및 차량의 상태판단, 진단과 노후정도, 각 시스템의 슬러지누적 정도를 가늠한다.
 a. CRDI, 디젤엔진: 스캔데이터(분사불균율 등), 정적·동적 리크테스트, 인젝터(노즐), 고압펌프(브란자), 연료필터, 스톨테스트, 중립스위치(수동미션), CPF포집량 등
 b. LPG, LPI엔진: 메인듀티(공연비), 산소센서 피드백, 기화기막 경화 및 누설여부, 연료필터 막힘, 1차실 압력, 각 종 솔레노이드밸브 작동상태 점검 등
 c. 휘발유엔진: 인젝터 분사시간, 산소센서 피드백, 연료압력, 아이들스위치, ISC, TPS, 접지 등

1 4 5 견적상담 단계

현재의 차량진단 결과를 설명하고 앞으로의 차량 관리개념에 따라 득과 실에 대해 상담하여 파트별 견적과 전체견적으로 구분하여 실차 시공범위를 결정한다.
 * 견적상담 참고사항 *
 a. 중고차의 경제적 효과(예: 취·등록세 무 부담, 차령에 따른 절세, 보험료할인 등)
 b. 신차의 취득가액 대비 차령에 따른 잔존가치 하락에 따른 연간 감가비로 인한 큰 손실.
 c. 신차와 중고차의 소모품 관리, 교환에 대한 기본적인 비용의 지출은 신차가 더 클 수 있다.
 d. 올바른 차량관리로 연간 연료비절감에 따른 경제성 설명.

1 4 6 실차처방 단계

노후 정도와 차량상태의 경, 중의 상태에 따라 1회 방문으로 수리를 완료하는 단기처방법과 차후 2차, 3차에 방문으로 추가적으로 처방하는 장기처방법이 있다.

1 4 7 실차시공 단계

실차시스템이 가지고 있는 열과 압력을 이용하여 시공법에 따라 정해진 량으로 정해진 시간내에 시공한다. 특히, 중탕이 필요한 시공제품의 경우 필히 따뜻하게 데워서 주입한다.

1 4 8 시운전(시공 후) 단계

시운전 및 실차 주행으로 그동안 배기 머플러에 쌓인 오일과 슬러지를 태워주며 충분한 열을 이용하여 각 시스템의 케미컬 시공 효과를 극대화할 수 있다.

1 4 9 결과검증 단계

시공 전 차량의 데이터와 시공 후 데이터를 객관적으로 평가, 분석, 검증한다. 정비결과와 성능 향상에 대한 결과가 불만족 시 고객과 정비사가 만족스러운 결과가 나올 때까지 추가 시공은 서비스하며 원인을 분석, 연구하는 자세가 필요하다.
간혹, 기계적 시스템과 센서류에 문제가 있는 경우를 늦게 발견할 수 있다.

1 4 10 차량출고 단계

정비사는 물론이고 출고 전 고객이 직접 시운전을 하도록 하여 시공 결과 만족도를 즉시 확인한다. 출고 이후에도 며칠 후 해피콜을 통해 재차 차량상태와 만족도를 확인한다. 차기 추가시공, 관리가 필요한 차량의 경우 내용을 점검·정비내역서에 기재, 설명하여 발행한다.

✠신차관련 기술소개✠

a. 연료계통의 압력이 상승함으로 인젝터 또한, 더욱 정밀한 분사가 필요하다. 연비절감을 위해 가변 엔진오일 펌프(제어 압력4kg/이하)를 채택함은 물론, 연소효율 향상과 냉각효율 향상을 위해 롱─리치 점화플러그를 사용하여 실린더헤드의 워터재킷의 용량을 증대시키고 있다.

b. 최적의 엔진제어를 위해 DUAL─ CVVT시스템으로 흡·배기밸브의 개폐시기를 동시에 제어하여 영역별 최적의 동력 성능을 발휘하도록 설계 되었다.

c. 발전전압 제어시스템을 통해 배터리상태(충·방전)를 정확하게 파악하여 가변적인 발전전압 제어를 실행, 엔진동력 확보를 위해 가속 시 충전을 하지 않고 감속과 타력 주행 시 충전함은 물론 배터리의 수명연장을 도모하고 있다.

d. 기계적 정밀가공기술의 발전과 각종 제어기술의 완성도가 높아짐에 따라 전반적인 시스템의 효율성이 증대 되었다.

◆쉼터◆

한 개의 촛불로써 많은 초에 불을 붙여도 처음의 빛이 약해지지는 않는다.
나눔이란 자기를 조절하고 남에게 베풀 줄 아는 능력이다.
타인에 대한 공유마인드는 쓰면 쓸수록 고갈되는 광맥이 아니라 베풀면 베풀수록 풍부해 지는수맥인 것이다.
내 잔이 넘치도록 역량을 키우고 남과 나눌 때 그 이상으로 돌아오며 이는 곧 자신의 역량을 강화하기 위한 부단한 노력의 발로가 된다.

1-5 차량관리 유형별 차량성능 예상그래프

자동차의 특성과 선진국형정비 및 관리유무에 따른 차량유형별 성능그래프

1 5 1 정상적인 관리 예상그래프

신차 길들이기 구간인 10,000~15,000Km 주행한 후 주기적으로 클리닝을 할 경우 95% 이상의 연비와 성능을 지속시킬 수 있는 것을 보여주는 그래프이다.

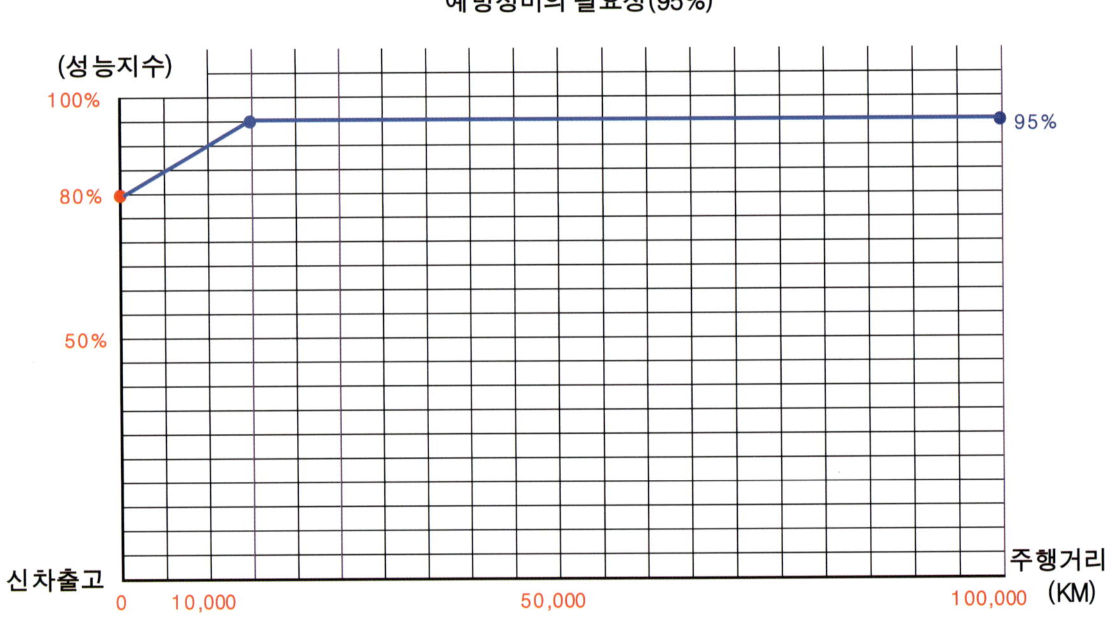

주행거리에 따른 성능 변화 예상 그래프

1 5 2 엔진오일만 교환한 차량 예상그래프

신차 길들이기 구간 이후 누적된 카본 슬러지 제거 없이 사용하면 연비와 출력이 상대적으로 낮아지는 것을 보여주는 그래프이다.

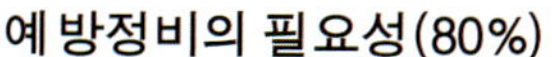
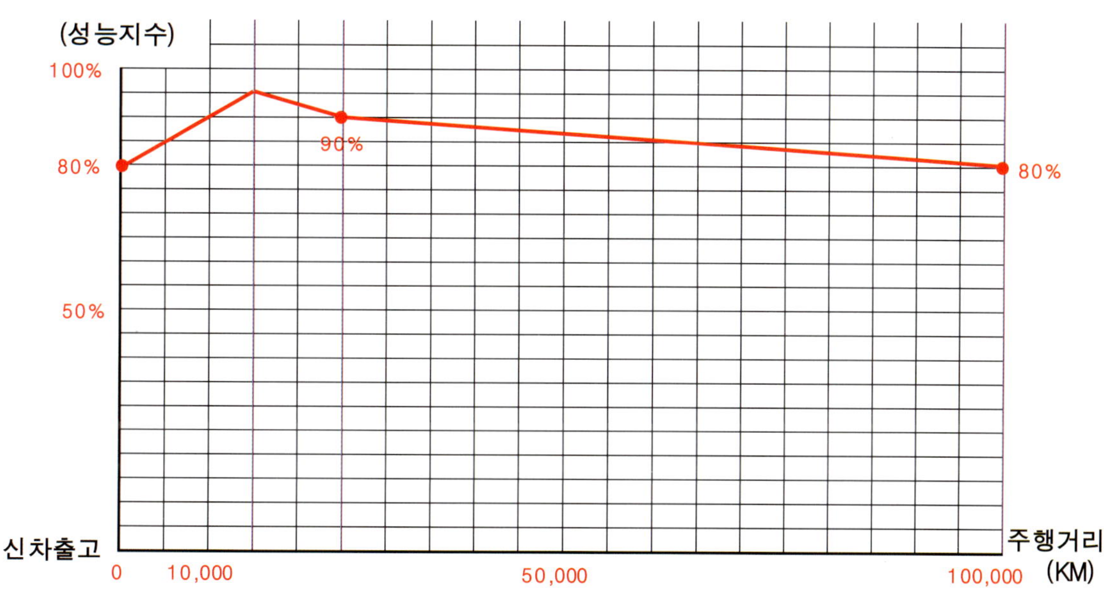

주행거리에 따른 성능 변화 예상 그래프

1 5 3 케미컬을 효과적으로 사용한 예상그래프

신차가 길들어지는 과정부터 단축하여 압축효율을 극대화 시킬 수 있다. 마찰 손실을 극소화하여 100%이상의 연비와 출력이 가능한 것을 보여주는 그래프이다.

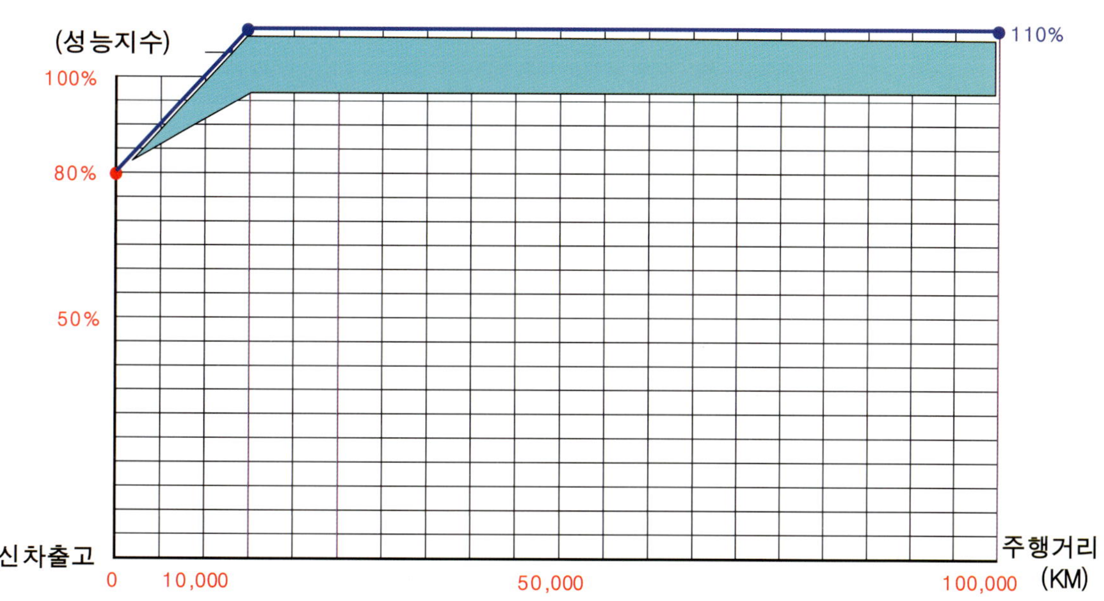

1-6 예방정비란 무엇인가?

1 6 1 자동차의 특성과 선진국형 정비, 관리의 중요성에 대하여

오늘 날 자동차의 공학기술은 정점에 다다랐다고 해도 과언이 아니다. 날로 진보되는 엔진 및 첨단 시스템들로 인해서 차량의 내구성도 날로 향상되고 있는 것도 사실이다. 그래서 운전자들은 예전과 다르게 차량의 성능이 좋아졌으니 관리를 안 해도 고장이 안 나겠지 하는 생각으로 차량을 대하는 사람들이 부지기수이다. 그러나 이것은 아주 위험한 생각이다.

자동차기술이 아무리 발전하였다고 해도 자동차의 동력원이 아직 내연기관인 이상, 그 엔진은 절대 카본이나 열에서 자유로울 수 없다. 또한, 자동차는 사람과는 다르게 자가 회복할 수 있는 능력이 없어 이런 퇴적물들을 인위적으로 관리해 주어야 정상작동을 유지할 수 있다.

엔진은 회전운동을 하는 회전체라서 회전밸런스가 무너지면 고속회전으로 갈수록 불균형한 회전이 되어 모든 부품의 마모가 심각하게 일어난다. 엔진에서 불균형의 원인은 외적인 것도 있지만, 가장 근본적인 것은 연소를 하면서 생기는 퇴적물이나 열이 차지하는 부분이 매우 크다.
모든 계통의 균일한 밸런스가 구현되어야 정숙하고 매끄러운 정 회전을 유도하게 되어 내 마모성과 출력, 진동, 연비 등 모든 면이 획기적으로 향상되어 몇km, 몇 년을 주행하더라도 최상의 회전을 구사하게 되는 것이다.

결국 엔진은 열을 이용해 에너지를 끌어내기도 하고 그 열에 의해 슬러지, 카본 생성, 과열 등의 문제가 생기기도 함으로 열과 퇴적물의 효과적인 관리가 자동차 예방정비에 가장 우선시되어야 한다.
이 퇴적물이나 열의 관리는 기존의 진단 장비나 공구만으로는 효과적으로 해결 할 수 없으며, 각종 진단장비 공구와 더불어 "케미컬" 이라 불리는 또 다른 새로운 공구를 접목한 화학적인 시공법이 가장 효과적일 것이다.

이런 시공법은 이미 선진국에서는 예전부터 일반정비와 더불어 정비의 표본으로 위치해 오고 있다.
기존의 훌륭한 정비시스템과 더불어 새로운 케미컬 관리시스템을 더해 최상의 예방정비가 되도록 해야 한다.

1 6 2 슬러지와 카본

먼저 내연기관이라는 것이 열을 이용해 동력을 얻어내지만, 그 열에 의해서 Damage를 입게 되는 구조다.
엔진은 연료를 태워 그 폭발열을 이용해 자동차를 움직이게 되지만 거기서 발생되는 열이 윤활시스템에 영향을 미치게 된다. 직접적으로는 금속을 통해, 간접적으로는 윤활제를 통해 마찰부위에 열전달이 되게 되며, 마찰에 의해 발생되는 열과 오염물질이 더해져 윤활막이 파괴되는 원인이 된다.

열은 엔진에 출력을 발생시키며 또 출력을 잃게 하는 양날의 검과 같이 작용한다. 열을 동력원으로 사용하는 내연기관들만이 가질 수 있는 재미있는 특징이다. 그리고 엔진에서는 이 열로 인해서 윤활을 방해하고 마모를 촉진 시키는 슬러지, 바니쉬, 검성분이 생성되는데, 신체에 비유하자면 암세포와 흡사한 이 퇴적물들이 엔진에 어떠한 영향을 미치게 되는지 얼마나 위험한 것들인지 확인할 수 있으며 윤활시스템의 관리가 얼마나 중요한가를 다시 한 번 깨닫게 될 것 이다.

슬러지와 카본의 생성은 엔진오일과 연소과정에서 일어나는 오일의 산화 때문이다.
오일이 산소와 만나 화학반응에 의해 변성이 되는 것 이다. 마치 음식물이 부패하듯이, 철이 녹슬 듯. 그 생성 원인인 열이 산화를 가속화 시키는 촉매역할을 하는 것이다.
이를 증명할 수 있는 것은 새 오일을 사용하지 않고 대기중에 노출시켜 오랜기간 버려두면 오일의 색이 변하게 되는 것을 볼 수 있다.

결국, 오일이 공기(O2, N2)와 열에 항상 노출되어 있다면 슬러지는 필연적으로 생성될 수밖에 없다. 따라서 오일의 교환주기를 사용거리에 따라 교환하게 되는 것은 열에 의한 산화촉진을 염두 해둔 것이며, 사용기간에 따라 교환하게 되는 것은 대기 중 에서 자연산화 되는 것과 수분, 이물질 다른 기타 불순물에 대한 오염을 고려한 것이다.

위의 과정으로 생성된 슬러지는 엔진 표면을 덮게 된다. 이로 인해 엔진의 냉각효율을 현저하게 떨어지며, 마치 보온을 하는 효과로서 작용하게 된다.
엔진의 냉각은 흡기(혼합기)와 엔진오일이 약60~70% 직접적인 냉각을 하게 되며 열을 받아낸 오일은 이 열을 다시금 엔진 벽면에 전달하게 되고 이 열은 마지막으로 벽면너머에 있는 냉각수에 전달된다. 마지막으로 라디에이터를 통해 대기로 전달되면서 냉각의 작용은 마무리 된다.

그런데 이 슬러지가 엔진 벽면에 덮여지게 되면서 엔진오일은 열을 효과적으로 벽면으로 전달하지 못하고 높아진 열로 인해 기존보다 오일점도가 묽어진다. 그로인해 윤활막 유지능력이 감소, 금속에서 발생하는 마찰열에 의해 오일은 한 번 더 열에 대한 타격을 받으며 오일의 온도는 걷잡을 수 없게 올라가 마침내 산화가 급속도로 일어나면서 슬러지를 또 생성시킨다.

점도가 떨어진 오일은 피스톤과 실린더 사이의 밀봉작용도 제대로 할 수 없게 되며 오히려 역으로 실린더와 피스톤링을 타고 연소실로 유입, 불완전연소를 촉진해 연소실 내 카본퇴적 등을 촉진한다.

밀봉기능을 상실한 오일이 압축작용과 배기작용에 영향을 주며 블로바이가스의 량이 증가하게 되고, 혼합기 및 배기가스가 오일로 혼입되어 오일의 수명은 떨어져 각종 이물질이 개입되어 성능도 엄청나게 격감되게 된다.

그리고 PCV시스템 입구에 묻은 엔진오일과 블로바이가스는 함께 서지탱크로 유입되어 흡기매니폴드를 오일로 젖게 해 연소 후 배기가스가 흡기매니폴드와 스로틀바디까지 역류하게 되는데 이 과정에서 슬러지, 카본의 고착이 증대된다. 근래에는 배출가스를 저감하기 위해 전자 EGR 시스템과 가변흡기 스월밸브가 적용되면서 흡기매니폴드에 더 많은 카본누적의 원인이 되고 있다.

이 처럼 흡·배기시스템과 밸브, 연소실의 과도한 카본누적은 흡·배기 효율을 떨어뜨려 엔진의 출력저하와 노킹을 유발시키며, 연소효율을 떨어뜨려 과도한 연료소비 및 배출가스의 원인으로도 이어진다. 또한, 압축압력의 불균형으로 인하여 엔진소음과 부품의 수명단축을 초래하기도 한다.
이 문제를 해결하기 위해서는 흡·배기 및 연소실 클리닝과 윤활라인 클리닝을 주기적으로 시공해 주어야 한다.
그리고 클리닝 후 엔진의 조건에 따라 나노치료를 겸하게 되면 더욱 완벽한 고연비와 출력이 유지되고 부품의 수명도 보장받을 수 있게 된다.

1-7 관성효과와 맥동효과

1 7 1 흡기계

엔진에 들어가는 공기는 기체로서 관성을 갖고 있고 음파를 전달하는 매체이기도 하다. 흡기 매니폴드 중의 공기흐름은 밸브에 의해 주기적으로 차단된다.

매니폴드 중에 밀도가 짙은 부분과 옅은 부분으로 압력진동이 발생하며, 이에 의해 흡기의 관성효과와 맥동효과가 얻어진다. 관성효과는 압축기를 사용하여 밀도를 높인 공기가 엔진에 공급될때에 과급이라 한다.

혼합기가 실린더에 유입되고 있는 상태에서 흡기밸브가 닫혔을 때 매니폴드중의 혼합기가 일제히 멈춰버리지 않고 흡기의 관성효과로 인해 그대로 흐르려고 한다.

이때 뒤에 연속되는 공기에 의해 앞에 있는 공기가 밸브 앞에서 눌리는 상태가 되어 포트 입구의 공기밀도가 높아지게 된다. 타이밍이 좋게 밸브가 열리면 밀도가 높은 공기를 실린더에 넣는것이 가능하다. 이것이 흡기관성효과이다.

포트부분의 공기밀도가 높아지는 것은 그 뒤에 연속되는 공기밀도가 상대적으로 낮게 되므로 이 부분에 압력진동과 음이 발생하게 되어 다시 포트쪽으로 되돌아오지만 이 음파밀도가 높은부분이 포트쪽으로 갈때 밸브가 열려있으면 밀도가 높은 공기를 실린더에 넣는 것이 가능하다. 이것이 흡기맥동효과다.

위 두 가지 효과를 최대로 하기위해서는 밸브가 열렸을 때 포트부분의 공기밀도가 크게 되도록 매니폴드 중에 압력진동을 만든다면 가능하다. 이를 결정하는 것은 매니폴드의 굵기와 길이, 흡기포트의 형상이다.

1 7 2 배기계

배기관성효과는 흡기관성효과와 같은 원리에 의해 일어난다. 각 실린더로부터 점화순서에 따라 연소가스가 배출될 때 매니폴드에서 하나로 합쳐지기 때문에 한 실린더의 배기가스가 통과 하고 있을 때 또 다른 실린더에서 배기가스가 와서 연결될 경우 매니폴드내의 압력이 높아지게 되어 연소가스의 배출을 방해한다.

배기간섭은 배기밸브로부터 각 실린더의 집합부분까지의 거리를 길게하는 방법과 각 실린더의 집합부분 각도를 예각으로 하여 배기흐름을 원활하도록 해서 줄일 수 있지만 다기통 엔진일수록 모여지는 매니폴드수가 많아지므로 더욱 적극적인 대책이 필요하다.

한편, 배기밸브가 열리게 되면 압력이 높은 연소가스를 배기포트로부터 분출하고 남은 가스는 피스톤에 압출 된 채로 배기밸브는 닫히므로 매니폴드 가운데를 진행하는 배기에는 밀도가 짙은 것과 옅은 것으로 형성된다. 기체 중에 밀도의 농염부분이 있는 것은 음파가 발생되는 것이므로 이 현상이 음속으로 전달되어 매니폴드의 집합부분과 배기밸브 사이에 밀도가 짙은 곳과 옅은 곳이 형성된다. 이를 배기맥동이라 한다.

배기가 닫히기 직전에 밸브부분의 밀도가 옅어지게 되면 맥동이 생겨 연소실에 남은 연소가스를 빨아 당겨내는 상태가 되며 밸브 오버랩에 의해 열리고 있는 흡기포트로부터 혼합기를 들이는데 도움을 주게 된다.

＊ 엔진의 흡기행정 시에 실린더 내에 생성되는 와류형상 ＊

  a. 스월(Swirl): 흡입 시 생성되는 선회 와류.

  b. 스퀘시(Squash): 압축상사점 부근에서 연소실벽과 피스톤 윗면과의 압축에 의하여 생성되는 와류.

  c. 텀블(Tumble): 피스톤 하강 시 흡입되는 공기가 실린더 내에서 세로방향으로 강한에너지를 가지고 생성되는 와류.

＊ 엔진의 분해정비 시기 ＊

  a. 압축압력이 규정압력의 70% 이하 시

  b. 실린더 간 압축압력이 10% 이상 차이가날 때.

  c. 연료소비율이 표준소비율의 60% 이상일 때.

  d. 윤활유의 소비율의 50% 이상일 때.

◆쉼터◆

  ＊ 기술이 좋은 정비인 들이 간혹 힘들어 하는 이유?

  자동차는 잘 보면서 고객은 잘 보지 못한다.

  즉, 정비기술보다는 고객만족이 우선되어야 한다는 것이다.

◆신품과 교체시기가 지난 구품의 소손된 모습과 케미컬 시공을 겸한 성능복원

점화플러그(백금)

준비된 케미컬

PART.2

엔진시스템의 효과적인 케미컬 시공법

2-1 연료라인 및 인젝터클리닝

2 1 1 전용장비를 이용한 인젝터클리닝

기존 차량의 연료라인을 차단한 상태에서 전용장비를 이용하여 인젝터 분사에 필요한 압력을 재현하여 인젝터클리너 원액을 공급하여 시동한다. 엔진의 아이들 상태서 30분정도 원액을 분사하여 인젝터를 클리닝 시공하는 방법이다. (매 30,000km~40,000km 마다 권장)

2 1 2 인젝터 탈거 장비클리닝

인젝터에 의한 단품불량, 성능개선의 경우 인젝터를 엔진에서 탈거하여 초음파세척기 또는 전용 장비로 무화상태, 분사량 불균율을 점검하고 클리닝 작업을 한다.
(인젝터 탈거 전 스캐너로 산소센서 파형과 인젝터 분사시간 등을 참고하여 진단한다.)

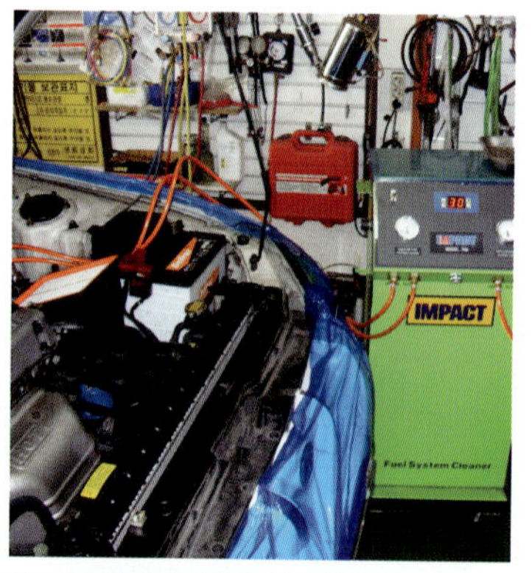

전용장비 사용 예

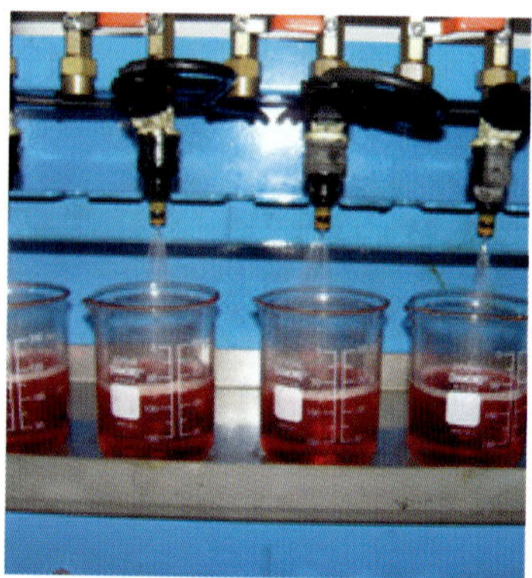

가솔린 인젝터클리닝

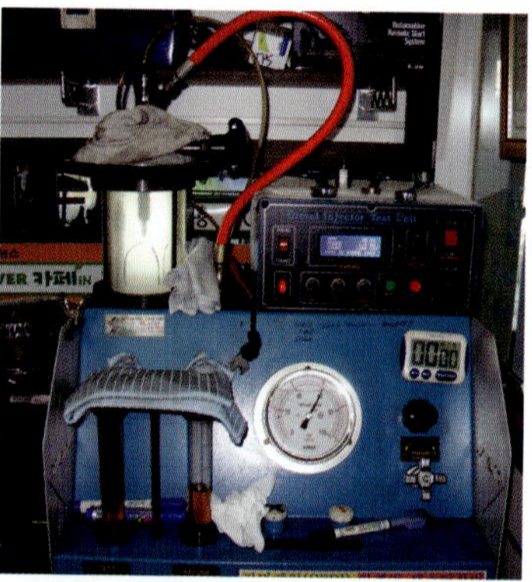

디젤 인젝터클리닝

2 1 3 연료탱크 실차클리닝 시공

연료탱크의 연료잔량에 따라 농도(연료와 약품의 비율)에 맞게 인젝터클리너 제품을 주입하여 실제 차량에서 연료소모가 이루어지는 동안 연료라인을 클리닝하는 방법이다.
주기적으로 매 10,000km~20,000km 마다 연료시스템클리닝이 필요하며 연료필터교환, 연료계통 수리 시에도 함께 시공하는 것이 좋다.

가솔린 차량용

CRDI 차량용

실차클리닝 시공은 전용 인젝터클리닝 장비로 재현이 어려운 가속, 감속, 부하구간 등의 각 종 분사량에 따른 세척조건을 만족할 수 있으며, 차량의 운행시간 동안 지속적인 연료라인 세정효과가 있으며 탱크 내 수분제거와 인젝터팁과 흡기밸브에 퇴적된 카본제거에도 효과를 볼 수 있다. 일반적으로 아이들 상태서 시공하는 장비를 사용하는 클리닝 방법과 비교하여 고객입장에서 퍼포먼스효과는 적을 수 있겠으나 클리닝효과에 있어서는 연료탱크에 간단히 주입하는 것만으로도 효과는 충분하며, 혹 전용 인젝터클리닝 장비로 시공을 하더라도 연료탱크에 인젝터클리너 제품을 주입 후 출고하는 것이 좋다.

탱크바닥 수분유입 모습

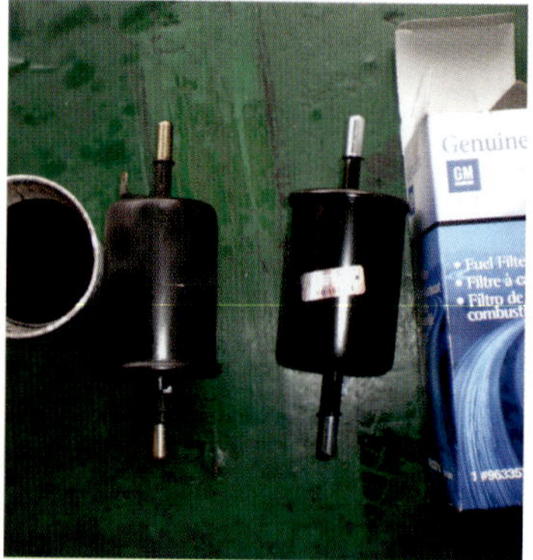

연료필터 구·신품 모습

필터내부 오염 찌꺼기

오염된연료와 정상연료 비교

연료탱크 내부오염 상태

연료모터흡입구 오염 모습

인젝터 클리닝(전)

인젝터 클리닝(후)

2-2 흡기밸브, 인테이크 및 연소실클리닝

2 2 1 개요

1) 카본누적의 기술적 이해

a. 밸브오버랩: 배기행정 말 흡기밸브를 일찍 열어 흡·배기밸브가 동시에 열려있는 구간

 – 잔류가스를 보다 많이 배출시키고 새로운 혼합기 유입이 많도록 체적효율을 증대하는 효과를 얻는다. 이때 연소실 연소가스가 유입, 흡기계통을 오염시킨다.

b. PCV장치

배출가스 저감을 위해 크랭크실 내의 미연소가스를 흡기부압을 이용하여 재연소하는 장치로서 피스톤링 사이를 통한 연소가스가 흡기계통으로 빨려 들어가 오염을 일으킨다.

막힘의 경우 크랭크실 내부 압력상승으로 씰 누유 현상을 촉진한다.

c. VIS(variable intake system) 가변 흡기 장치

엔진 컴퓨터가 엔진회전수와 부하에 따라 VIS밸브모터를 구동하여 흡입통로방향을 제어하는 장치. 저속, 저부하시에 밸브를 닫아 흡입통로를 일반엔진보다 길게 하여 기체유속을 이용한다. 고속, 고부하시에 밸브를 열어 흡입통로를 일반엔진보다 짧게 한다.

장치의 작동효과로서 관성과급효과, 가변흡기효과, 공명과급효과로 흡입효율을 향상시켜 출력을 10%가량 올릴 수 있다.

2) 흡기계통, 연소실 카본누적과 엔진의 기술적 관계

흡입관로 내에 발생한 카본누적은 유입되는 공기분배성에 악 영향을 주게 되며, ISC밸브의 고착으로 공기량조절이 정확치 않게 되어 공전부조와 가속 시 울컥거림이 발생될 수 있으며 연소가 나빠져 탄화수소와 일산화탄소를 증가시키는 원인이 된다.

인테이크 내면의 카본은 밸브밀착을 방해함은 물론, 분사된 연료가 카본에 흡착되어 연료 희박 현상이 생긴다. 반대로 흡기부압이 높을 시에는 연료농후 현상이 반복된다.

GDI차량은 연료에 의한 세척이 구조적으로 불가능함으로 흡기밸브 카본누적이 더욱 심각하다.

따라서, 산소센서 시그널 반응에 따른 공연비보정이 틀어질 수밖에 없으므로 엔진ECU 피드백 (모니터링)제어불량의 원인이 된다.

3) 카본클리너의 구비조건

 – 불연성 유기용제를 사용하여 연소되지 않고 흡기 및 연소실 카본에 흡착하여 녹인다.

　시공 후 운행 시 고열에 노출되면 카본에 흡착된 약품이 더욱 팽창되어 떨어뜨려 태운다.

 – 연소실에 흘러들어가 실린더와 피스톤링에 손상을 주지 않아야 한다.

 – 산소센서, 촉매 등에 손상을 주지 않아야 한다.

4) 연소실 카본클리닝의 필요성

a. 엔진에 흡입되는 공기는 큰 저항 없이 필요한 양만큼의 신선한공기가 각 실린더에 일정하게 공급될 때 연소실로 유입된 혼합기의 완전연소에 도움이 된다.

최대 연소온도2,500℃, 최대 연소압력은 60kg/, 연소속도는 15~30m/s이다.

노킹이란, 두개 이상의 화염면의 충돌(속도300m/s)에 의한 현상이다.

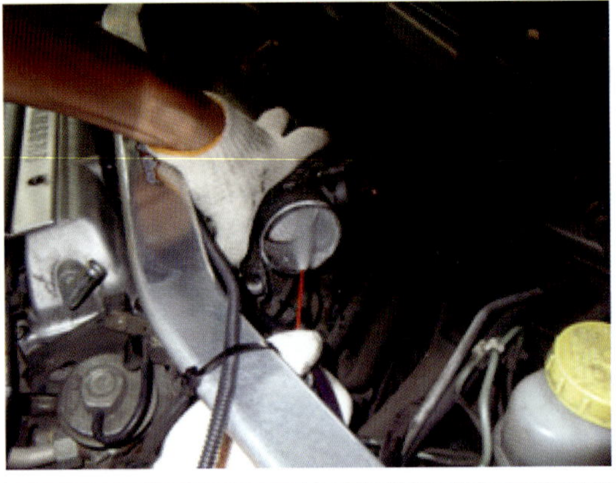

탑엔진클리너 흡기시공 모습

무화전용장비 흡기클리닝 모습

b. 대부분의 엔진은 연소실내부에 직접적으로 분사하는 GDI방식이 아니라 흡기밸브 직전 인테이크매니폴드 끝단에 인젝터를 설치하여 분사, 증발시키는 간접분사 방식으로 실제 ECU가 산소센서를 포함한 각종 센서데이터를 종합하고 이론공연비를 기준한 보정 값을 연산하여 인젝터 분사시간을 제어한다.

c. 산소센서가 이론공연비에 가깝게 정상적으로 피드백하기 위해서는 분사된 연료모두가 연소에 참여해야 한다는 전제조건이 있다.

d. 흡기밸브 주위에 슬러지와 카본이 많이 쌓여 있을 경우 밸브밀착 불량의 원인이 되어 엔진의 압축압력에도 영향을 주며 공기의 통과면적이 적어져 흡기관으로 들어가는 공기량이 감소한다.

e. 인젝터에서 분사된 연료가 흡기계통 카본에 흡착되어 액셀 량에 따른 흡기부압 변화에 의해 엔진ECU의 제어와 무관하게 연료덩어리가 불균일하게 빨려 들어가 연소에 참여하게 되어 엔진의 폭발 회전밸런스는 더욱 흐트러질 수밖에 없다.

f. 단시간, 단거리 도심운행 차량에서는 엔진 각 부위가 자기청정온도에 도달하기 전 엔진을 정지하므로 더욱 카본누적에 의한 심각한 문제점이 많이 발생된다.

적절하지 못한 흡기필터 사용

흡기오염 상태

g. 연소 후 카본 등의 이물질이 연소실내에 퇴적 될 경우 화염전파 방해와 국부적인 압축열 상승으로 조기점화로 인한 엔진노킹이 발생될 수 있으므로 흡기계통의 정기적인 클리닝으로 항상 깨끗하게 관리, 유지 해주어야 최적의 제어상태를 유지할 수 있다.

흡기시공(전) 오염상태

흡기시공(후) 세정상태

h. 피스톤링(특히, 1번 압축링)의 움직임이 카본누적에 의해 불량해지고 이로 인해 압축압력 저하와 엔진진동, 소음발생으로 출력과 연비저하를 동반하며 심할 경우 엔진의 기계적손상으로 이어질 수 있다.

◆ **멀티압축 압력게이지를 이용한 각 단계 별 시공 전·후 압축압력 비교**

◆ **연소실클리닝에 의한 압축압력 복원 시공 전·후 데이터 비교**

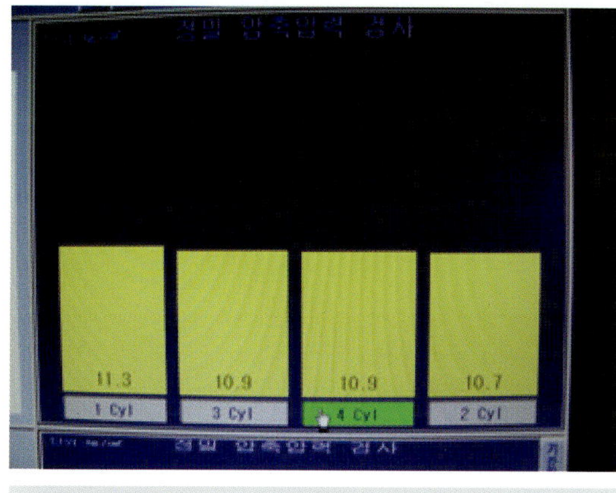

시공(전) 압축압력

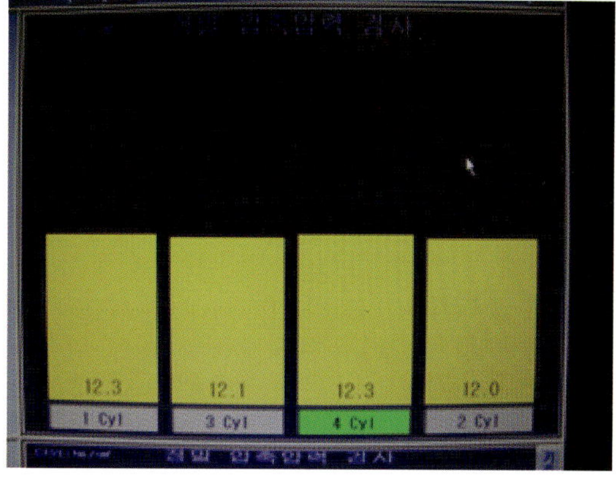

시공(후) 압축압력

2 2 2　효과적인 흡기연소실 클리닝 방법

1) 스로틀바디를 통한 시공법

a. 가솔린, 가스차량

① 연료 인젝터클리닝을 선행하는 것이 더욱 효과적이다. 필요시 AFS커넥터를 탈거 시동한다.

② 엔진을 충분히 난기 시킨 후 약품이 분사 시 증발잠열에 의해 흡기매니폴드가 냉각되어 시공효과의 감소를 방지하기 위해 흡기클리너 약품을 온수에 데워서 시공한다.

③ ISC서보 커넥터를 탈거하여 ISC액추에이터의 약품유입으로 인한 손상을 방지한다.

④ 각 실린더로 약품이 고르게 도포되도록 스로틀플랩 개도를 가속과 감속을 반복하며 흡기부압을 이용하여 스로틀바디 입구에 분사한다.

　– 아이들~2,000rpm 전·후를 반복하며 약품을 분무시공 후 바로 엔진을 정지한다.

LPG차량 시공(전)

탑엔진클리너 흡기시공

LPG차량 시공(후)

　– 흡기매니폴드의 형상(V6엔진, U자형)에 따라 연소실까지 약품투입이 구조적으로 어려운 경우 흡입부압을 높이기 위해 엔진회전수를 3500rpm이상 높인 간헐적 레이싱이 필요하다.

　– 각각의 실린더에 약품이 유입되어 내부를 고르게 도포하는 것이 목적이다.

　– 특정 실린더 세정상태 불균일에 의한 엔진밸런스가 흐트러지는 것에 유의한다.

⑤ 엔진정지 후 카본에 약품이 침투하도록 5분가량 대기 후 실린더 내 유막세척으로 인한 손상을 예방하기위해 액셀을 밟지 않은 상태에서 엔진을 시동한다.

⑥ 아이들이 안정되도록 5분 이상 공회전 시킨다.

　– 가, 감속을 반복하여 순차적으로 rpm을 상승시켜 배출시킨다.

　– 흡기구에 쌓여있던 약품과 카본이 일시에 빨려 들어가지 않도록 엔진손상에 유의한다.

⑦ 시공 후 자기진단, 스캔데이터 확인과 엔진 공회전회전수 정상여부 확인 후 출고하며 필요시 공회전보상 액추에이터를 청소, APS커넥터 탈거로 인한 기억소거 등을 한다.

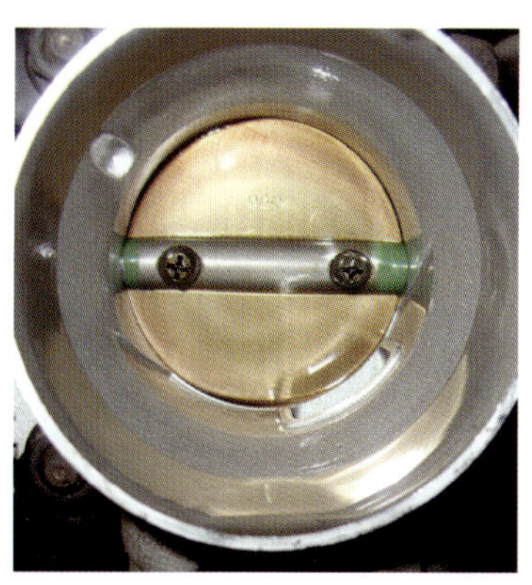

가솔린차량 시공(후)

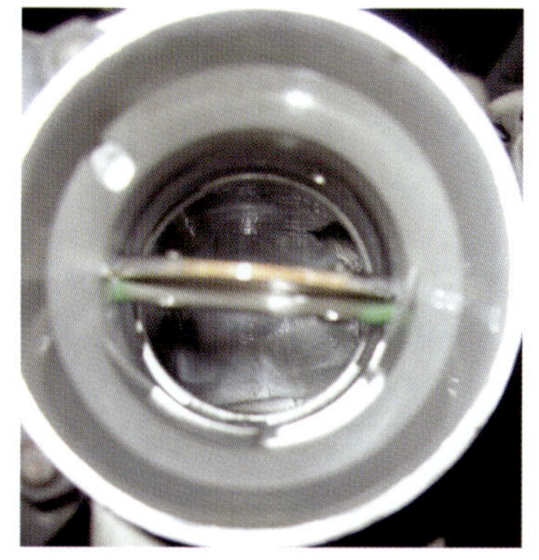

흡기매니폴드 내부 세정상태

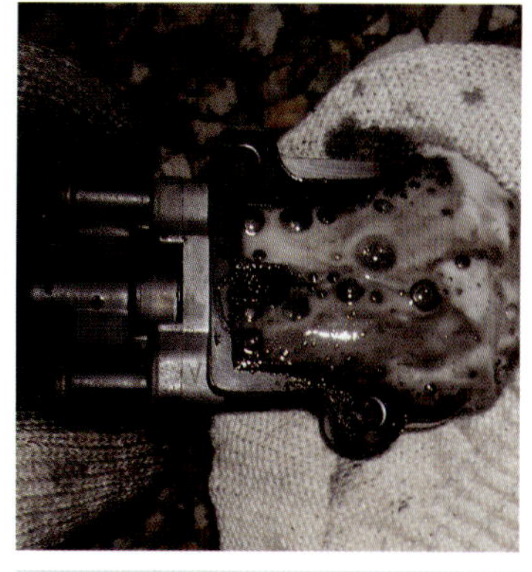

ISC서보 탈거 클리닝

⑧ 평소 차량관리가 되지 않아 스로틀플랩의 카본으로 인한 공회전 보상학습이 과도 할수록 차종에 따라 전용장비로 아이들 액추에이터의 초기화가 필요하다.

b. 디젤, 커먼레일 차량

① 디젤차량의 특성상 블로바이가스와 밸브오버랩, EGR밸브 작동, 터보오일 누유로 인한 흡기 카본퇴적이 심각한 경우가 많다.

② 흡기 카본퇴적 상태를 육안으로 확인하여 카본의 퇴적량이 과다할 경우 약품시공 전 필히 별도의 카본슬러지 제거작업을 병행해야 한다.

– 필요시 흡기매니폴드를 탈착하여 클리닝 한다.

흡입구 카본퇴적 상태

매니폴드탈거 모습

스웰밸브 카본퇴적 모습

매니폴드세정 모습

카본제거 후 모습

스로틀플랩 세정 후

탑엔진흡기클리너 시공

에어무화 장비클리닝 시공

에어무화식 약품분사 모습

시공(전)

디젤차량 흡기클리닝

시공(후)

③ 약품시공 시 과다한 카본슬러지가 세척되어 연소실에 한꺼번에 빨려 들어가게 되면 이것이 연료역할을 하게 되어 노킹발생 과 엔진손상의 원인이 될 수 있다. 약품분사 시 1~2초 분사 후 5~10초정도 대기하여 rpm변화를 지켜본 다음 안정된 후 재 분사하여 급격한 rpm상승 및 노킹을 줄여준다.

– 디젤차량의 경우 스로틀밸브가 없어 흡기부압을 이용할 수 없으므로 흡입다기관 전에 흡입호스를 20cm정도 연장되게 연 결하여 약품이 흡기관성에 의해 다기관 벽면을 따라 각 실린더에고르게 공급될 수 있도록 할 경우 노킹을 현저히 줄일 수 있다.

④ 흡기매니폴드를 탈거해 직접 세척하여 장착하더라도 실린더헤드 측의 흡기밸브 주위와연소실내부 카본제거를 위해서는 조립 후에 약품시공은 반드시 해주는 것이 좋다.

⑤ 터보차량의 경우 터보이전에 시공 시 터보시스템의 윤활막이 세척되어 기계적 손상을 줄 수 있으므로 흡기약품 분무위치는 터보장치 이후와 흡기매니폴드 사이에서 한다.

⑥ 약품시공 시 필히 엔진회전수는 2,000rpm 전후로 유지한 후 시공해야 충분한 흡입공기량에 의해 카본연료덩어리가 희석되어 노킹발생이 적으며 EGR계통도 세척된다.

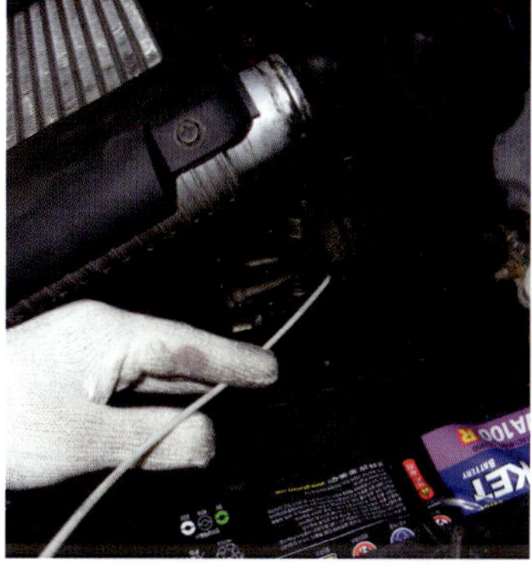

흡입호스 탈거 후 흡기클리너시공 모습

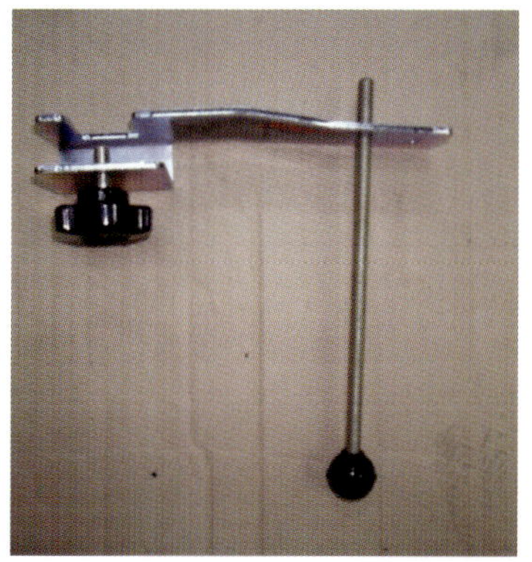
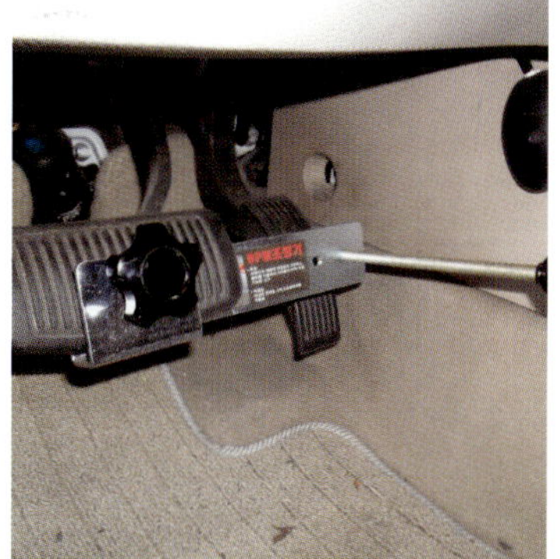

rpm고정용 공구장착 모습

기능성 배기가스집진기

2) 플러그홀 시공법(엔진파워튠업):

주로 가솔린, GDI, LPI, LPG 차량의 밸브밀착개선과 헤드를 내리지 않고 연소실내부 세척과 1번 피스톤탑링을 적극적으로 풀어주는 시공방법이다.

① 연료 인젝터클리닝, 스로틀바디를 통한 흡기시공법을 선행하는 것이 좋다.

② 엔진 열간 후 점화플러그 탈거 후 모든 피스톤을 행정 중간위치에 둔다.

③ 거품식클리너(탑엔진크리너) 각각의 실린더에 한 캔을 적당량씩 고르게 나누어 주입한다.

　캔분사 시 냉각으로 인한 세정력저하 방지를 위해 정수기의 뜨거운 물에 데워서 사용한다.

클리닝 전 연소실오염 상태

약품시공 모습

④ 약품이 카본에 침투하도록 10분가량 기다린다. 이때, 5분단위로 크랭크축을 앞, 뒤로 움직여 주어 피스톤링 틈 사이에 약품이 침투되도록 한다. (링풀이)

⑤ 점화시스템(연료분사)을 차단 후 엔진을 크랭킹 공회전시켜 연소실슬러지를 배출시킨다.

　– 멀티에어건 활용 시 크랭킹과 석션으로 슬러지배출과 피스톤링풀이에 더욱 효과적이다.

멀티에어건을 이용한 연소실슬러지 석션회수

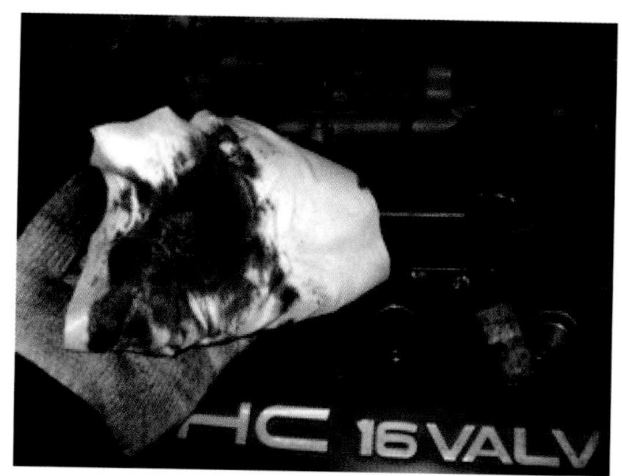

배출된 슬러지

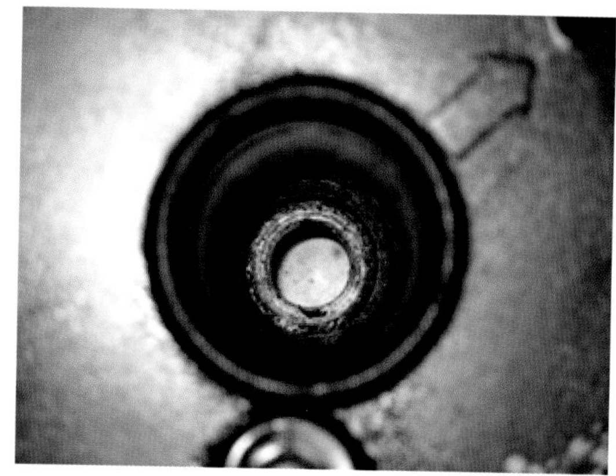

세정된 연소실내 피스톤 모습

⑥ 슬러지배출 후 피스톤을 상사점에 두고 에어건을 이용하여 추가로 털어낸다.
⑦ 시동 후 공회전 상태가 안정된 후 시운전을 통해 고온의 열로 마무리하면 세척에 더욱 효과적이다.(필요시 ISC모터청소와 산소센서반응속도, 연료분사시간 등의 변화를 참고한다.)
⑧ 연소실이물질이 크랭크실 유입을 고려하여 이후 오일플러싱 작업을 하는 것이 좋다.

3) 장비를 이용한 클리닝법

a. 에어무화식 장비

1), 2)단계 작업을 선행하는 것이 더욱 효과적이며 일정한 에어압력을 이용해 전용클리닝 약품을 분사하는 장비로 엔진 흡입구에 무화상태로 분사하며 흡기계통을 세척하는 방법이다.

엔진회전수는 2,000rpm 전·후로 고정하여 시공하며 LPG충전물을 이용한 압력식 캔 분사제품의 경우 디젤 차량 시공 시 노킹이 발생하므로 노킹 없이 원활한 시공이 가능하다.

스로틀플랩 탈거

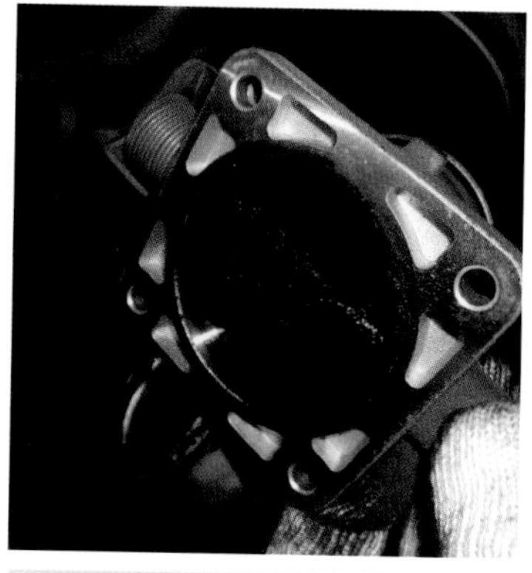

스로틀플랩 오염상태

흡기매니폴드 오염상태

1차 카본제거 작업

스로틀플랩 세정 후

2차 흡기클리닝 캔 시공

2차 시공 후 모습

3차 전용장비 케미컬 시공

장비 노즐분사 모습

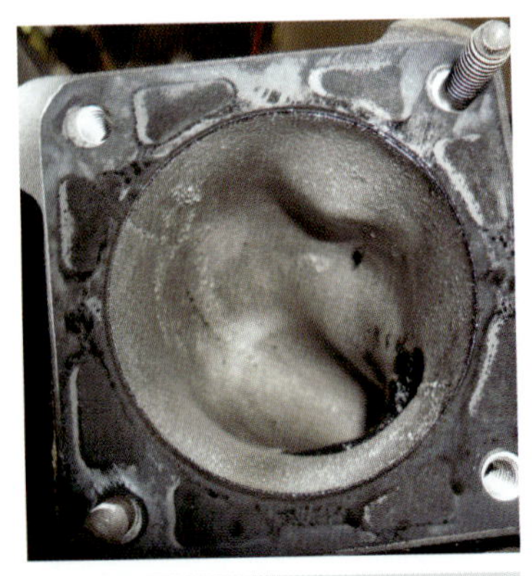

3차 시공 완료 후

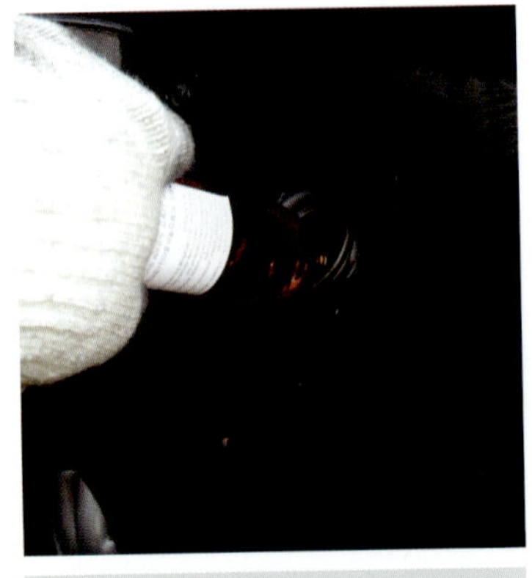

연료라인 인젝터클리너 시공

엔진 나노메탈복원제 시공

b. 흡기예열식 전용장비

구형 커먼레일 엔진에 비해 근래의 신차들은 흡기매니폴드를 분해하는 것이 많이 번거로워 업소에서 꺼리는 경우가 많으며 분해한 매니폴드를 세척하는 것 또한 보통일이 아니다.

신형 커먼레일 엔진에 있어 흡기카본누적으로 부스터압력센서이상, 스웰밸브 작동불량, EGR계통 밀착불량, 출력, 매연, 연비 등 많은 문제가 발생되고 있다. 흡기예열식 클리닝 전용장비를 이용 할 경우 흡기를 뜯지 않고 편리하게 시공할 수 있다. 노킹이 전혀 없고 메케한 배기가스 냄새 발생이 거의 없는 새로운 최신 클리닝방법이다. 가솔린, 가스차량에도 시공할 수 있다.

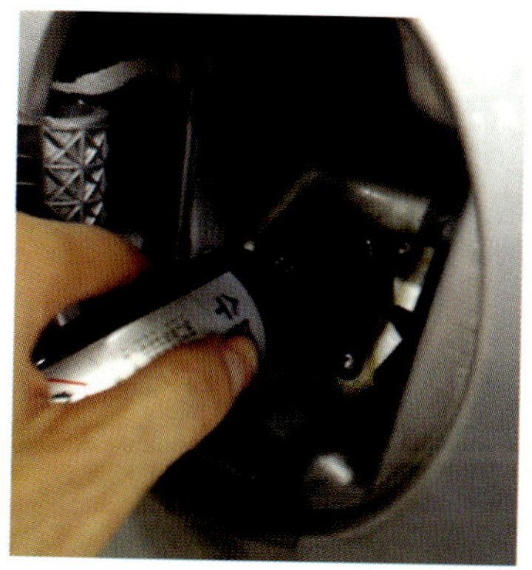

수분제거제 주입

인젝터클리너 주입

RPM TOOL 설치

흡기클리닝(전)

흡기예열식 전용장비 클리닝

클리닝(후)

① 스로틀 플랩을 흡기매니폴드에서 분리한다.
② 입구에서 가까운 곳의 흡기카본 슬러지는 적당한 공구(수푼)를 이용해 최대한 긁어낸다.
③ 필요시 엔진을 정지한 상태에서 흡기매니폴드 내벽의 카본에 흡기거품(탑엔진클리너)을 고루도포하여 5분 후 녹여진 카본을 추가로 긁어낸 후 시동한다.
④ 1인 작업을 위해 RPM TOOL을 브레이크페달에 조립하여 액셀페달을 조작하도록 장착한다.
⑤ 엔진을 충분히 난기(예열)시킨다.
⑥ 전용클리닝장비를 이용하여 공회전상태 10분가량은 분사노즐 방향을 카본누적이 많은 실린더측으로 적은 량을 집중적으로 분사하며 서서히 세척 할 필요가 있다.
⑦ 이후 RPM TOOL을 이용하여 공회전에서 3,500rpm을 반복하며 레이싱 시공한다. 이때 스웰 밸브, EGR밸브 작동조건이 되도록 하며 충분한 세척액을 분사하여 흡입구, 밸브밀착개선 연소실은 물론, EGR계통까지 순환클리닝이 되도록 시공한다.

⑧ 시공이 완료된 후 순차적으로 엔진회전수를 높여 잔류약품과 카본을 털어 낸다. 가급적 시운전을 병행하면 더욱 효과적이다.

* DPF장착 차량은 필요시 스캐너로 DPF 강제재생 모드를 실행하여 마무리 한다.

  (필요시 시공전, 후 DPF포집량 비교)

* 가능하면 인젝터클리너, 수분제거제를 이용 해 연료라인을 함께 관리 해 주는 것이 좋다.

R-엔진 클리닝(전)

스로틀플랩 클리닝

스로틀플랩 클리닝(후)

거품클리너 시공

흡기예열식 전용장비

R-엔진 클리닝(후)

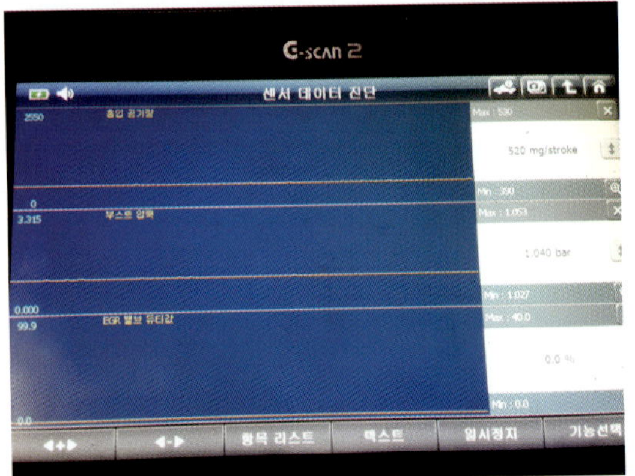

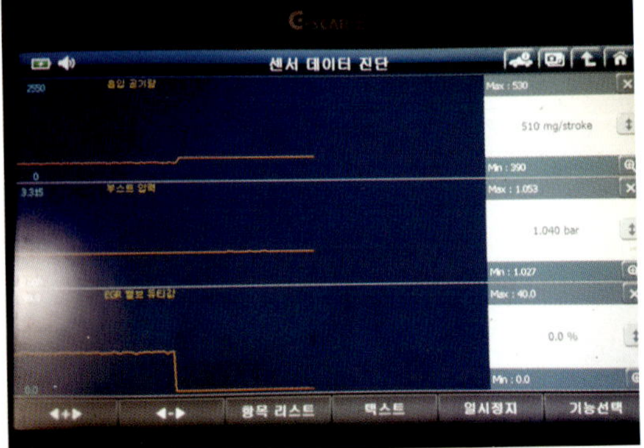

시공 전·후 서비스 데이터 비교 (흡입공기량, 부스트압력, EGR듀티)

* 흡기시스템 크리닝을 통한 배출가스 매연검사 합격사례.

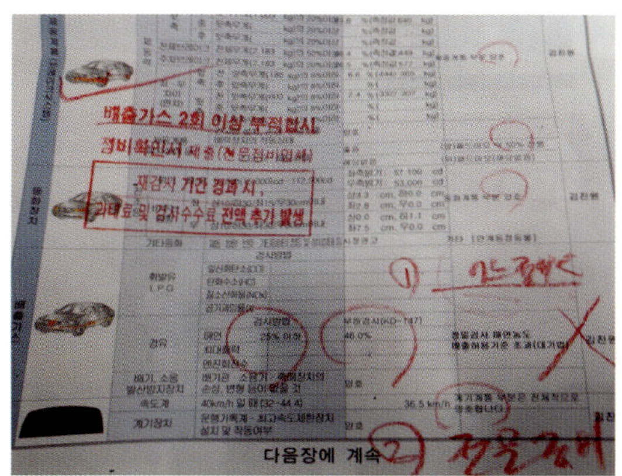

배출가스매연불합격(46%)

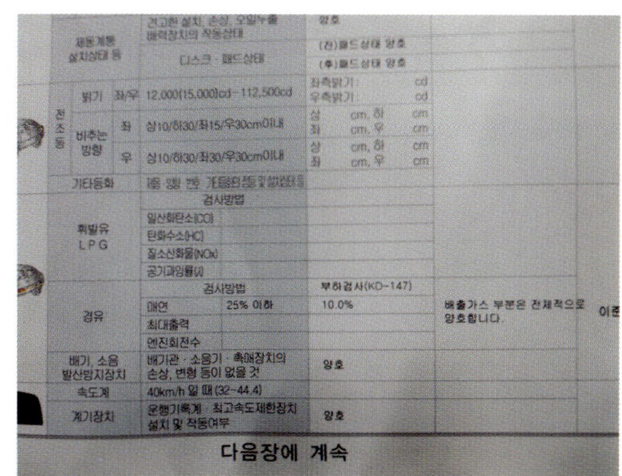

배출가스매연합격(10%)

고객 홍보용 현수막 사례

p.s: 흡·배기시스템과 밸브, 연소실, EGR시스템 클리닝은 운행조건에 따라 최소한 2~4만km 또는 1~2년에 1회 이상 반드시 관리가 필요하다.

2 2 3 출력부족, 연비저하 및 매연과다 차량 오염제거 처방법

1) 가솔린 진공클리닝

1. 시공 전 준비

인젝터 클리너 주입
(수분제거/인젝터 클리닝)

2. 오염검사

스로틀바디 및 흡기 메니폴드
오염 검사

3. 엔진 웜업

엔진 rpm1,500 고정하기
약 5~10분 유지하여 웜업을 한다.

4. 시공 1단계

엔진 rpm을 낮추고 정상
공회전 rpm 유지

5. 시공 2단계
- 스로틀바디를 통하여 컨디셔너를 주입하며 이때 엔진의
  상태를 아이들에서 3000 rpm 을 반복해서오르내리도
  록 한다.

6. 시공 후 조치 사항
- 시공이 끝나면 엔진을 정지하고 약 5분간 대기한다.
  대기 후 재 시동. 아이들 상태로 5분간 마무리 웜업 한다.

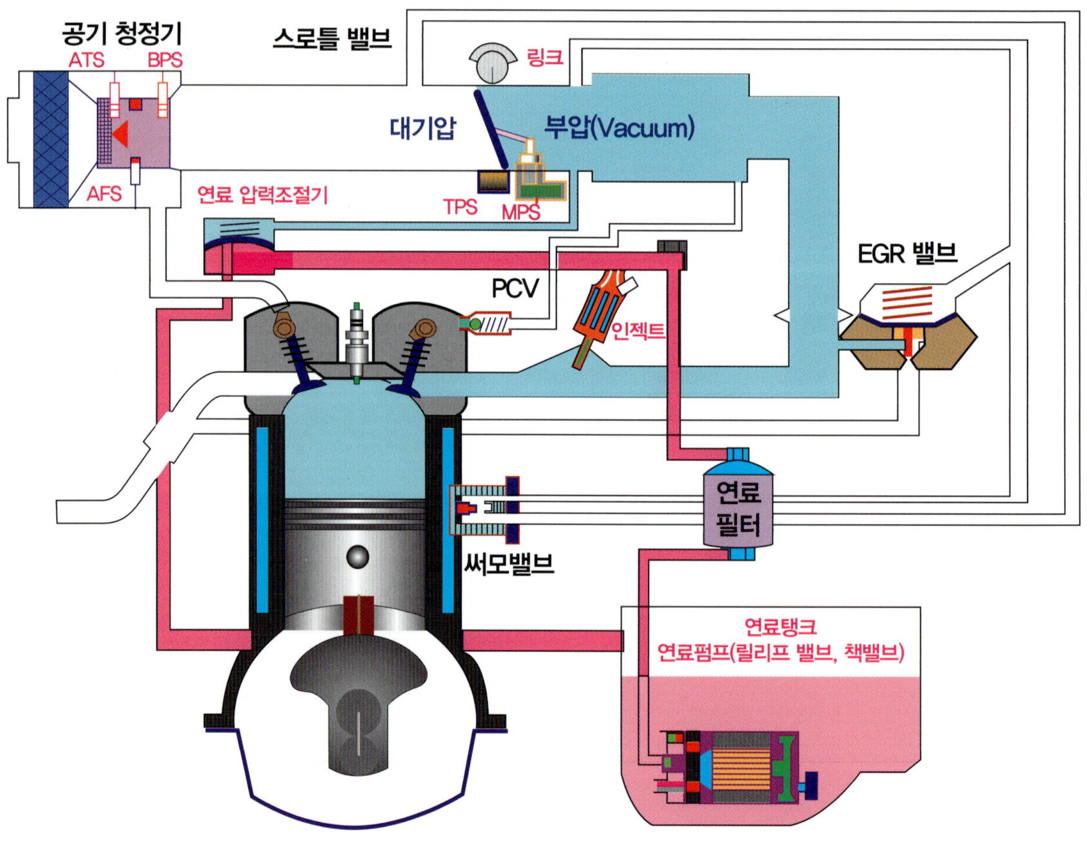

2) 디젤 관성클리닝

1. 시공 전 준비

인젝터 클리너 주입
(수분제거/연료펌프, 인젝터 클리닝/윤활)

2. 오염검사

스로틀바디 및 흡기 메니폴드
오염 검사

3. 엔진 웜업

엔진 rpm1,500 고정하기
약 5~10분 유지하여 웜업을 한다.

4. 시공 전 주의사항
엔진 컨디셔너 주입 시 1초 분무 후 반드시 4~5초 대기 후
재 분무하는 방법으로 반복해서 주입한다.(필수사항)

5. 시공 단계
엔진의 상태를 아이들에서 3000 rpm 으로 레이싱하며
엔진컨디셔너 1병을 주입한다.

6. 시공 후 조치 사항
- 시공이 끝나면 엔진을 정지하고 약 5분간 대기한다.
  대기 후 재 시동. 아이들 상태로 5분간 마무리 웜업 한다.

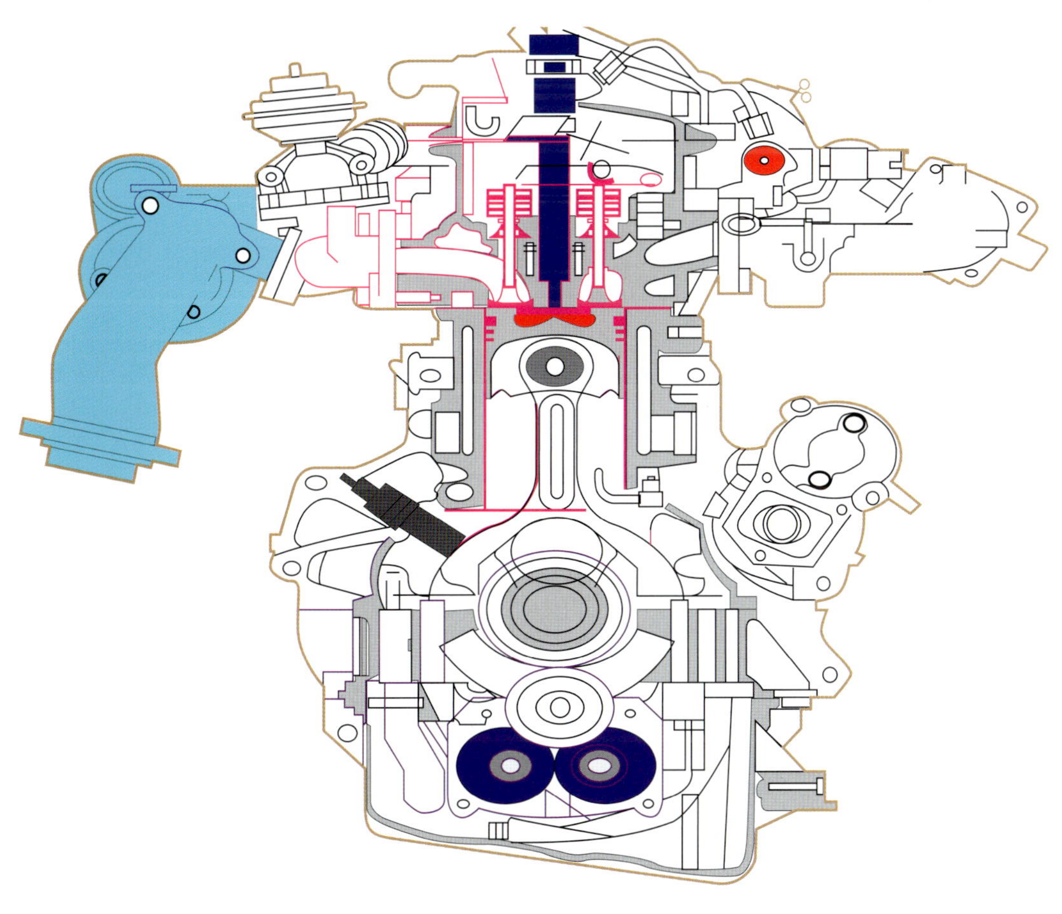

2-3 엔진 오일라인 클리닝

2 3 1　개요

엔진에 있어 오일은 인체의 혈액과 같이 깨끗한 상태에서 원활하게 순환되어야 주어진 역할을 수행하며 오염된 오일은 자동차의 심장에 있어서 치명적인 악 영향을 준다.
엔진오일라인에 오염이 과다하게 발생되면 실린더 벽면과 피스톤 틈새로 미연소 블로바이가스가 누출되어 엔진 압축압력 저하와 크랭크케이스 내의 배압을 높여 밸브커버와 엔진의 각종 씰 누유를 촉진하게 되며 슬러지로 인한 PCV밸브작동을 불량하게 한다.

오일라인 세정(전)

오일라인 세정(후)

엔진의 흡·배기밸브기구의 슬러지퇴적에 의해 밸브시트밀착불량과 열화에 의한 가이드씰 손상으로 엔진오일이 실린더 내로 유입된다. 이때 연소실 내부에 슬러지를 퇴적시키며 미연소 슬러지가 배기되어 산소센서의 표면을 오염시키며 공연비피드백 출력전압이 정상적이지 못하게 된다.
운행거리가 짧은 출·퇴근용 단거리운행 차량의 경우 엔진의 각 부위가 자기청정온도에 도달하기 전 운행을 멈추게 되어 특히, 슬러지의 누적정도가 더욱 심할 수 있으므로 예방정비 차원에서 정기적인 오일라인 플러싱이 필요하다.

* 엔진 윤활유의 역할 *
 a. 윤활작용: 회전, 미끄럼 운동 시 마찰 및 마멸저감작용
 b. 밀봉작업: 피스톤링 사이 유막형성으로 폭발행정 시 가스누출 방지
 c. 냉각작용: 각 마찰열과 연소열을 방산하여 냉각
 d. 완충작용: 회전 부. 운동부 유막충격흡수, 소음감소기능
 e. 방청작용: 유막형성으로 공기나 습기, 부식성 가스 차단으로 녹 방지효과
 f. 청정작용: 관 내부 불순물, 먼지, 마모금속가루, 카본 배출기능

2 3 2 엔진오일의 오염원인

a. 엔진은 열기관으로서 운전조건, 과부하, 냉각계통 관리와 연관되어 고온에 항상 노출되어 열화로 인한 산화작용으로 그 기능을 떨어뜨린다.
 – 1번 피스톤링의 온도가 200~250℃이하로 유지 할 필요가 있다.
b. 피스톤링 사이에서 새어나온 연소가스가 크랭크실에 유입되어 오일에 희석된다.
 – 완전 연소 시: 이산화황, 산화질소, 수증기, 산화납이 발생한다.
 – 불완전 연소 시: 탄소, 유기산물질이 발생한다.
c. 엔진에 있어 크랭크실 내부가 비교적 저온이므로 새어 들어온 연소가스와 내부공기가 접촉되어 온도차에 의해 수분이 발생하여 물리적인 고형물을 내포하게 된다.
  화학적으로 산화 등의 변화에 의해 황갈색의 반 고형물질의 슬러지가 생겨 점도변화에 의해 더욱 열화가 촉진된다.
d. 오일 교환시기를 단 한번이라도 놓치게 된 경우 과도한 슬러지가 발생한다.

2 3 3 시공 전 공통 준비사항

a. 엔진 정상화 작업을 우선한다.
b. 필요 시 연소실압축 누기테스트를 시행한다.
 – 점화플러그를 탈거 후 에어 어댑터를 연결하여 크랭크축 고정상태서 누기부위를 확인한다.
c. 오일캡 및 오일레벨게이지를 통하여 오일슬러지의 퇴적상태를 육안으로 사전에 확인한다.
d. 전반적인 차량의 상태를 진단하여 시공방법과 작업범위를 고객과 상의 후 결정한다.
e. 플러싱 시공 량을 감안하여 엔진오일을 배출 혹은 보충하여 적정량으로 한다.
f. 차후 시공여부와 슬러지의 누적상태확인을 위해 오일캡과 주입구주변의 슬러지는 별도로 세척한다.

2 3 4 엔진오일라인 기본 플러싱

엔진오일라인과 실린더헤드에 슬러지발생량이 비교적 적을시 이를 세척하여도 유압오일라인에 막힐 염려가 없다고 판단될 때 대략 5분~30분 내 외로 간단히 시공하는 방법이다.
a. 엔진을 충분히 난기시킨다.
b. 엔진 정지 후 오일라인 플러싱 약품을 주입한다.
c. 엔진 아이들 후 엔진을 정지하여 오일량을 재확인하여 적정량을 보충, 배출한다.
d. 거품식클리너를 이용하여 오일주입구 주변과 캡을 세정 한다.

플러싱약품 주입

입구주변 세척

e. 엔진시동 후 시공법에 맞게 시간을 준수하여 플러싱한다

f. 엔진오일 배출 후 잔류오일을 회수한다.

g. 엔진오일 교환 후 5분간 아이들 상태를 유지해 확인 후 출고한다.

흡입석션기를 이용 잔류오일 회수

플러싱 후 깨끗해진 모습

2 3 5 장비순환식 플러싱

a. 오일필터를 탈거한 후 플러싱 장비의 인, 아웃 커플링을 연결한다.

b. 장비 내 오일순환 량과 플러싱 약품 주입량에 따라 엔진오일 량을 적정하게 맞춘다.

c. 장비 사용법에 따라 조작 후 엔진시동 후 충분히 난기 될 때 까지 기다린다.

d. 엔진을 정지하여 오일라인 플러싱 약품을 용법에 맞게 시공한다.

e. 시공법을 준수하여 일정시간 시동 후 장비순환 플러싱 한다.

장비장착

폐유 배출 모습

잔류오일 회수

f. 엔진오일 콕 배출 후 장비를 이용하여 잔류오일을 회수한다.

g. 엔진오일 교환 후 10분간 아이들 상태를 유지해 확인 후 출고한다.

a. 헤드플러싱 세정 약품 관련 참고사항

① 차량용 플러싱 오일

– 온도에 따른 윤활성유지를 위해 점도가 무엇보다 중요하다.

– 여러 종류의 유화제와 계면활성제의 혼합물질, 물과 오일을 희석할 수 있는 약 알카리성의 유화를 포함한다.(산은 금속에 치명적 손상, 알카리는 고무류에 손상)

– 슬러지를 덩어리 채 떨어뜨리지 않고 서서히 녹여 용제와 융화되어 자체적으로 순환되어야 한다.

② 세탁용 세정제를 예를 들면 찌든 때 중에서 가장 많은 것은 기름때와 분체형태의 고체 때이며 세척 중 이것이 혼합되어 그리스 상으로 되는 경우가 있을 수 있다. 때를 제거하는 데에는 계면활성제 즉, 세제를 사용하고 있으며 때를 제거하는 방법은 기포, 유화, 습윤, 팽윤, 분산, 침투 등의 기능 이외에도 전기적 효과까지 고려하여 만들어지므로 간단히 설명하기는 어렵다. 헤드플러싱 제품은 일반적으로 친유성이 아닌 친수성 계면활성제를 많이 사용한다.

③ 엔진오일 주입구 오일캡, 밸브커버를 검사했을 때 일정두께 이상의 과도한 슬러지가 쌓여 플러싱작업 시 막힐 염려가 있을 때 약식플러싱이 아닌 토탈헤드플러싱 작업을 권장한다.

b. 작업, 시공순서

① 엔진열간 후 엔진오일을 배출시킨다.

② 플러싱액을 엔진오일량만큼 시공한다. (필요시 플러싱장비를 연결한다.)

③ 일반적으로 아이들~1,200rpm으로 30~50분간 플러싱하며 제품사용법에 따라 시공 작업을 한다.

④ 슬러지 오염정도에 따라 플러싱 중 오일필터를 2~3회 수시로 교환한다.

⑤ 플러싱오일을 배출한다.

⑥ 로커암커버와 오일팬을 탈거하여 오일흡입구와 슬러지를 추가세정 후 조립한다.

⑦ 엔진오일 주입 후 클리닝 장비를 연결하여 필터링 또는 약 10분간 헹굼작업을 한다.
　이때, 필요시 씰–복원제를 추가로 시공할 수 있다.

⑧ 엔진오일을 배출 후 잔류오일을 장비를 사용하여 회수한다.

⑨ 엔진오일 교환 후 10분간 아이들상태를 유지해 확인 후 출고한다.

＊ 기계적 시스템 보호와 마모 복원을 위해 추가적인 케미컬 시공을 하는 것이 좋다.
　(예: 메탈윤활보호제, 나노금속코팅제. 압축복원제등)

플러싱(전)

플러싱 약품 시공

오일필터 2~3회 수시 교환

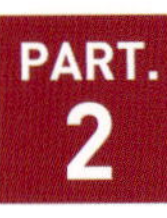

로커암커버 추가 세척

오일팬 내부 오염 상태

오일스트레이너 오염상태

로커암 커버 세척 후

오일스트레이너 플러싱 후

플러싱 완료(후)

씰-복원제 시공

메탈윤활보호제 시공

* 토탈헤드플러싱 작업 시 필요에 따라 PCV, 오일압력스위치, 오일팬, 밸브커버가스켓 교환 *

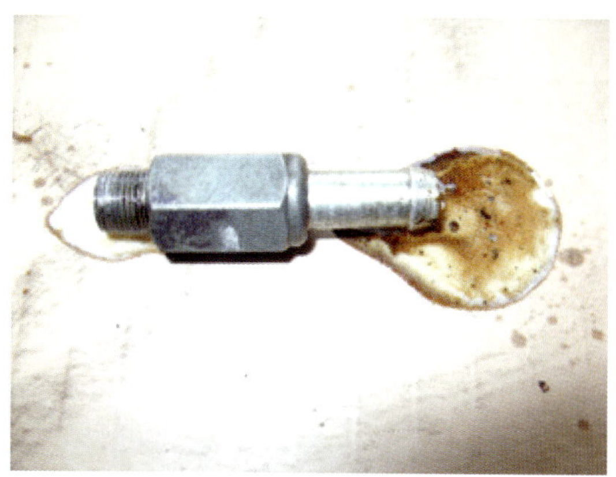
PCV밸브

오일압력스위치

오일팬 교환

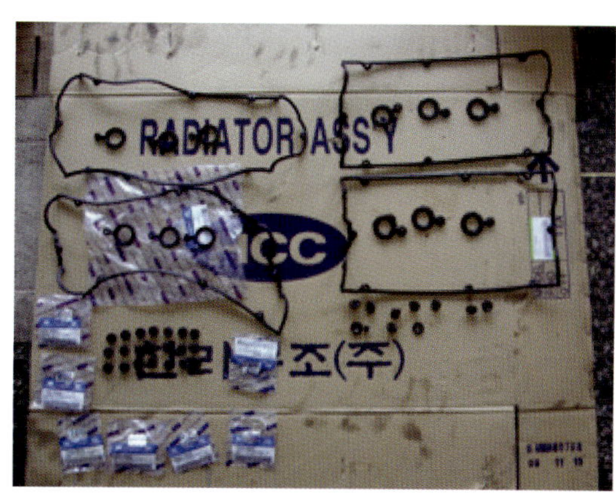
밸브커버가스켓

엔진 나노메탈복원제 및 메탈윤활보호제 시공 후 출고

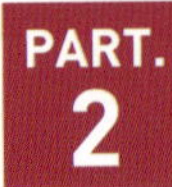

* 엔진오일라인 플러싱 전, 후 비교모습 *

(전)

(후)

p.s: 누적된 슬러지를 효과적으로 제거하기 위해서는 주기적인 윤활라인 플러싱이 반드시 필요하다. 이때, 각종 씰-복원을 위해 기능성 플러싱도 권장할 만하다. 플러싱 주기는 1년 또는 15,000~30,000km정도마다 주행조건에 따라 선택할 수 있다.

2-4 엔진계통 씰-복원작업

1) 씰-복원 작업 전 흡기연소실 클리닝과 오일라인 플러싱을 선행하는 것이 효과적이다.

2) 씰-복원작업이 필요한 경우

  a. 엔진에서 노후, 열화 된 각종 리테이너와 패킹, 고무 류 부품에 탄성을 유지, 누유방지와 성능을 복원시킬 필요가 있을 때

  b. 흡·배기밸브 가이드씰의 경화로 엔진오일이 연소실 내부로 흡입되어 혼합기와 함께 연소되어 엔진오일소모량이 많을 때

  c. 예방정비 차원에서 정기적인 씰-복원작업이 필요할 때

3) 치료개념의 씰-복원 작업 시 케미컬의 양과 시공시간을 조절하여 시공한다.

4) 시공 시 엔진오일량은 적정량으로 조절한다.

5) 오일소모가 많은 차량의 시공 후에는 500km주행 후 엔진오일의 오염상태, 소모량을 재점검하는 것이 좋다.

6) 씰-복원 작업 후 나노메탈 복원제를 추가로 처방하면 압축향상과 마찰손실을 극소화시켜 연비와 출력이 좋아지고 소음을 줄일 수 있다.

* 씰-복원제 시공 시 윤활성능 저하를 보완하기 위해 메탈윤활 보호제를 함께 시공할 수 있다.

씰-복원제 시공1

씰-복원제 시공2

메탈윤활보호제

◆ 씰-복원제 응용 ◆

유압리프트의 실린더 누유 치료

배전기 O-링의 누유 응용

자가발전기 오일과다소모 처방

2-5 나노메탈복원, 압축복원 작업

1) 운행거리와 연식에 따른 노후가 발생된 경우 엔진의 피스톤링, 실린더 벽면과 메탈베어링 등의 마모로 인한 압축손실, 소음, 진동 등이 발생된다. 이미 문제점이 발생된 이후에는 복원의 한계성과 그에 따른 시간 및 정비비용이 많이 발생될 수 밖에 없으므로 평소 지속적인 케미컬관리가 중요하다.

2) 엔진 마모방지제(신차겸용:oil magnet)는 엔진 정지 후에도 엔진오일이 중력에 의하여 오일팬 내부로 흘러내리지 않고 자석같이 엔진 내벽에 붙어있게 하는 성질로 엔진시동 초기에 오일막 생성을 유도하여 마모방지와 가혹한 주행조건에서도 내구성 증진에 큰 도움이 된다.

엔진의 기계적인 시스템 마모의 80%이상이 엔진시동 초기에 발생하므로 신차 때부터 엔진손상을 줄여주고 내구성을 높여주는 적극적인 관리가 필요하다.

엔진 나노메탈복원제1

엔진 나노메탈복원제2

오토미션 나노메탈복원제

압축개선 및 점도향상제

엔진 마모방지제(신차겸용)1

엔진 마모방지제(신차겸용)2

3) 나노메탈복원제(RESURS)는 손상된 마찰면의 오버웨어링을 통하여 압축압력을 높여주고 마찰표면을 매끄럽게 만들어 유격을 줄여 마찰손실과 회전저항을 최소화하여 엔진출력복원을 도와준다. 나노메탈복원제의 코팅원리는 두 금속이 경계하는 면에 300℃이상의 고온의 마찰열과 극압을 이용하여 5마이크로 두께로 도금되며 시공 후 500km가량의 운행으로 100%코팅효과를 발휘한다.

　나노메탈복원제는 차량의 주행거리와 연식에 따라 일반적인 차량의 경우 1~2년에 2~3만km주기로 시공을 권장하며 노후차와 치료목적의 경우 시공 량을 2배 또는 2회 이상 시공하는 것이 좋다. 신차나 노후차에 관계없이 성능이 향상됨은 물론, 오일 교환 후에도 시공효과의 지속성이 중요하다.

4) 점도향상제(OIL STABILZER)는 엔진 압축압력의 회복과 오일압력을 증가시켜 고회전영역대에서의 오일온도 증가로 인해 윤활막이 파괴되는 현상을 줄여준다. 오일저항을 최소화하며 점도 지수향상으로 고온에 대한 점도 변화를 억제하여 윤활기능을 대폭 향상시키며 즉각적인 효과를 볼 수 있다. 제품을 뜨거운 물에 중탕 후 엔진오일펌프 흡입구에서 높은 점도로 일시적인 막힘이 생기지 않도록 아이들 상태서 엔진오일 주입구에 첨가한다. 매 엔진오일 교환 시 마다 사용할 수 있다.

PART.3

차량의 케미컬 활용하기

3-1 자동변속기 케미컬 활용하기

3 1 1 자동변속기의 특징

a. 근래의 차량 자동변속기는 엔진의 고 출력, 고 마력에 대응할 수 있게 경량화, 부피축소, 내구성 향상으로 최적의 변속단 제어를 통한 연비와 변속감을 향상시켰으며 자동변속기의 초기품질편차(유압계통, 클러치)와 주행거리에 따른 내구력 저하를 보완하기 위한 변속기 컴퓨터의 학습제어 기능을 두어 각종 부품과 유압제어가 정밀하게 이루어지므로 관리개념 또한, 무엇보다 중요하다.

b. 자동변속기오일 교환 시 변속기 내부의 기계적인 시스템 즉 유압실린더의 플러싱과 각종 오링 류의 씰-복원 작업을 병행하여 작업하는 것이 장기적인 자동변속기 관리와 내구성 확보에 유리하다.

3 1 2 자동변속기 관리

a. 교환방식 구분: 오일콕 배출 교환(헹굼 교환), 장비순환식 교환, 드라이브 모드 교환, 오일팬 탈·부착, 필터 교환 등

b. 변속기 오일의 종류: 일반유, 직결형, 반합성유, 100%합성유, 전용오일

c. 변속기 오일라인 세정 및 씰-복원 작업

d. 변속기 성능개선 및 마모방지제 시공

3 1 3 자동변속기 케미컬 시공효과

a. 각종 씰-복원 작업으로 유압누설을 줄여주어 각종 트러블을 방지 할 수 있다.

b. 슬러지를 제거하여 유압라인 성능을 복원한다.

c. 변속슬립과 변속충격이 감소되어 부드러운 가·감속을 주며 오일온도의 과도한 상승으로 인한 열화를 적극적으로 방지하여 부품의 손상을 지연, 복원시켜 내구성이 향상되어 수명을 연장시킬 수 있다.

3 1 4 플러싱 및 씰-복원 케미컬 시공법

a. 미션 오일량을 확인하여 케미컬 시공 전 보충 또는 배출하여 적정량이 되게 맞춘다.

b. 온간 시 오일라인 세정제 및 씰-복원제를 용법에 맞게 주입한 후 아이들 상태로 10분간 둔다. 이후 시운전을 통해 킥-다운 모드 15회 이상 되도록 주행하여 각 유압 라인에 약품이 침투되도록 한다.

 – 약식으로 시운전을 하지 않고 작업장 내에서 리프팅 후 각 변속단 주행모드 별로 바퀴를 돌려 케미컬을 순환, 침투시키는 방법이 있다.

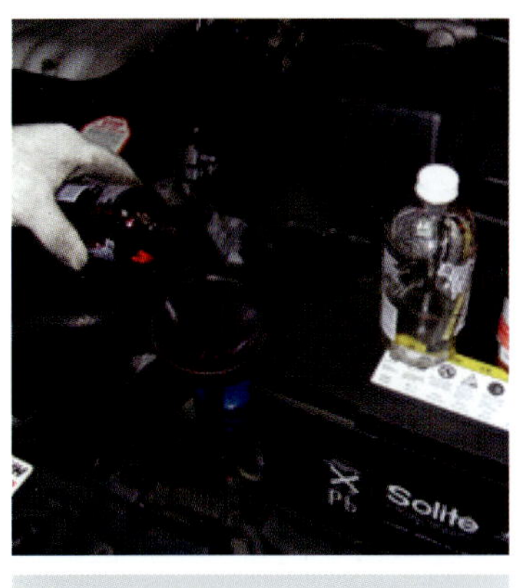

오일라인 세정 및 씰-복원제

메탈윤활보호제

리프팅 후 전단(R, D) 주행

c. 일정시간 시공 후 자동변속기 오일교환 작업을 한다.

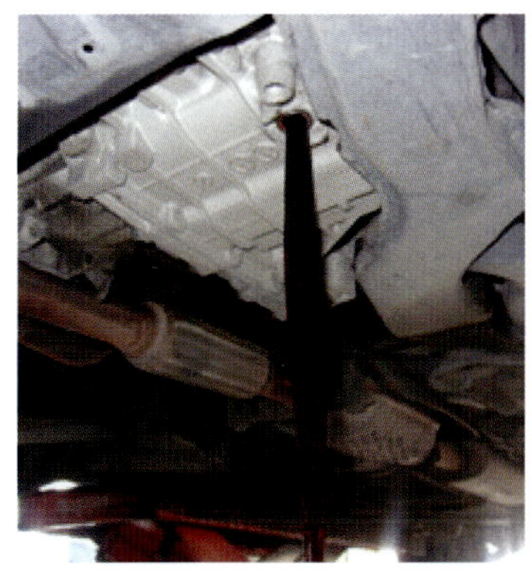

변속기오일 배출

배출콕 자석에 붙은 쇳가루

배출콕을 세척한 상태

신·구품 필터 오염상태 비교

신품 필터 조립

장비순환식 오일교환

d. 주행거리에 따라 자동변속기 전용 마모복원제등을 시공하여 성능을 복원한다.

자동변속기용 나노메탈복원제

성능개선 및 마모방지제

◆ 자동변속기 내부 손상 모습 ◆

구·신품 디스크 비교

유성 캐리어 기어 마모 모습

* 제품에 따라 30분 내 즉시 시공 효과를 확인할 수 있으며 시공 후 지속성이 있어야 한다.
* 48시간 내 증발 제품의 씰−복원제를 시공 할 경우 변속기오일이 비교적 깨끗할 때는 오일을 교환하지 않고 윤활 보호제를 함께 넣어 출고할 수 있다.

3-2 냉각라인 케미컬 활용하기

3 2 1 부동액(냉각수) 관리

a. 부동액은 동결방지제인 에틸렌글리콜(E.G)과 첨가제 성분으로 부식방지제(아질산염, 트리에 탄올아민), 소포제, 윤활제, 밀봉제, 물로 이루어 졌다.

b. 부동액을 장기간 사용 시 강산성으로 변질되어 냉각라인에 녹으로 인한 부식이 발생한다.

c. 녹색 부동액= 인산염(일본형)단점: 경수(지하수)사용 시 치명적인 오염발생이 발생한다.

d. 노란색 부동액= 규산염(유럽형)단점: 보조탱크에 별도의 약품설치가 필요하며 장시간 사용시 젤화 된다.

e. P.H 1= 강산성, 7= 중성, 14= 강알카리성, 수돗물P.H= 7.5 ~ 8.0 이다.

f. 부동액의 농도가 과도하게 짙을 경우: 강 알카리성으로 냉각라인에 백색의 스케일 형성, 알미늄에 부식을 발생 시킨다.

g. 신품 부동액의 pH값은 8.0-8.24정도의 약 알카리수 성분이나 2년 또는 40,000km정도 주행을 하게되면 첨가제 성분이 증발, 소멸되어 pH값은 7.3정도로 낮아져 산성으로 변하게 된다. 이 시점이 부동액 교환시기로 볼 수 있다.

3 2 2 냉각계통 오염이 엔진에 미치는 영향

a. 엔진 연소실의 연소온도는 약 2,000~2,500℃에 이르며 고출력, 고성능 엔진일수록 실린더 헤드, 피스톤, 밸브의 열을 효과적으로 냉각 시켜주지 않을 시 헤드가스켓의 문제로 오버히트에 의한 실린더헤드, 엔진손상의 원인이 된다.

b. 라디에이터, 워터펌프, 히터코어, 수온조절기, 워터파이프 등 내구성에 영향을 준다.

c. 엔진오일의 산화와 오염을 촉진시킨다.

d. 각 기통의 온도차이로 엔진의 회전밸런스가 무너질 경우 운동에너지 손실이 발생되어 출력과 연비에 악영향을 준다.

e. 엔진 각 부의 냉각이 균일하지 않을 경우 실린더 별 연소실 내부온도가 고르지 않아 화염 전파를 방해하게 된다. 이때 배기가스 중 탄화수소(HC) 발생량이 증가한다.

f. 연소실 내부의 연소온도가 비정상적으로 높을 경우 배기가스 중 질소산화물(NOx) 발생량이 과다하게 된다.

g. 자동변속기 오일쿨러의 냉각불량에 의한 변속기의 수명을 단축시킨다.

h. 냉각팬 작동시간 증가로 팬모터, 발전기, 배터리 수명단축과 전기부하보상으로 인한 연비 불량의 요인이 된다.

오염된 라디에이터

신품 라디에이터

손상된 워터펌프

신품 워터펌프

i. 냉각계통 관리를 소홀히 할 경우 엔진 윤활시스템의 핵심부품과 온도센서 등 차량 전체 내구성에 악영향을 주어 차량수리, 유지관리 비용에 많은 부담을 줄 수 있다.

수온조절기(신·구)

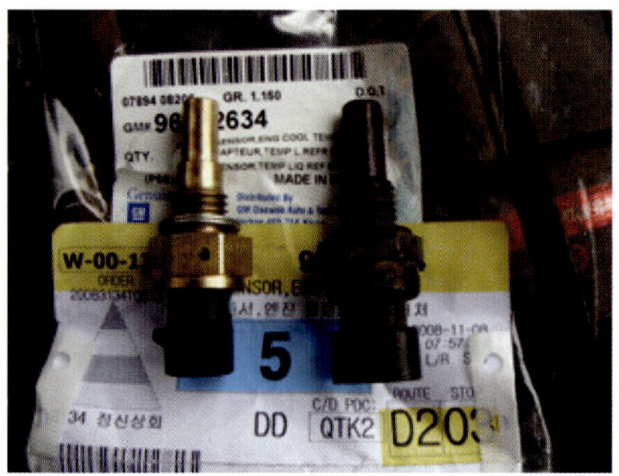

냉각수온센서(신·구)

j. 겨울철이나 여름철에 냉각시스템 내부에 쌓인 슬러지, 부식, 녹물, 각종 접착제, 주물사의 부식과 알루미늄, 오일로 인한 오염물질 등 을 효과적으로 제거해야 된다.

k. 부동액 주입 후 추가적인 냉각계통 녹 방지와 성능개선제를 함께 넣어 주는 것이 냉각 시스템 내부에 부식을 억제하며 장기적으로 효과적인 냉각계통 관리에 있어 중요하다.

l. 동결을 방지하는 에틸렌글리콜 성분은 남아있지만 이외의 성분들은 2년, 40,000km 이후면 첨가제 고유의 특성이 압력식 캡으로 증발되어 사라진다.

이때부터 열에 의한 산화 및 산성화가 진행되어 냉각계통의 기능이 급속히 떨어진다.

m. 현대, 기아 차는 부식방지 성분이 인산염으로서 진녹색, 연녹색이다.

쌍용차와 일부차량은 부식방지제가 규소성분인 규산염계로서 황색계열의 색을 띄운다.

n. 금속이 부식되어 녹과 결석이 발생된 경우 부동액은 냉각계통을 순환하면서 전도체로 작용한다. 접지 전하상승으로 냉각수온센서 등에 영향을 주어 ECU는 실제의 냉각수 온도보다 낮은 온도로 인식하여 연료를 더 많이 분사하게 된다.

결과적으로 공연비보정과 엔진밸런스에 나쁜 영향을 준다.

3 2 3 냉각계통 녹 제거 플러싱

녹제거제는 라디에이터를 포함한 냉각 순환계통 구석구석까지 녹과 결석을 깨끗이 제거하며 정상적인 부품에는 손상을 주지 않아야 한다.

a. 오염된 냉각수를 배출시킨 후 물을 채운다.

b. 이때 수온조절기를 탈거할 시 냉각수 순환을 빨리하여 작업시간을 줄일 수 있다.

c. 냉각수 열간 후 녹 제거제를 주입한다.

클리닝(전) 라디에이터 내부오염

수온조절기 탈거모습

냉각수클리닝 케미컬 시공

d. 녹 제거제의 시공법에 따라 일정시간, 엔진공회전 조건에 맞게(예: 30분, 2000rpm)클리닝 후 폐수를 배출시킨다.

e. 헹굼 작업을 3회 이상 반복하여 냉각시스템에 플러싱 잔여물이 남지않도록 한다.

이물질 제거모습

클리닝(후) 라디에이터 내부

f. 부동액을 비율에 맞게 주입한다.

g. 녹 방지 및 냉각성능 개선제를 시공한다.

h. 녹 제거로 인해 차후 누수의 우려가 의심될 경우 누수방지제를 추가 시공한다.

녹 방지제 시공

냉각성능개선제 시공

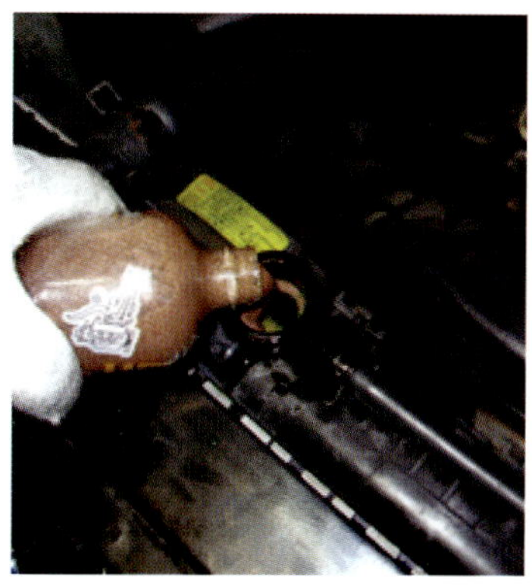

누수방지제 시공

3 2 4 냉각계통 오일제거 플러싱

엔진, 미션 오일쿨러 손상으로 인한 냉각라인에 엔진오일이 유입 시 오일제거전용 제품을 사용한다. 녹 제거 플러싱 시공방법과 동일하나 플러싱용 케미컬 종류가 다르다.

◆ 카니발 오일쿨러 손상 모습 ◆

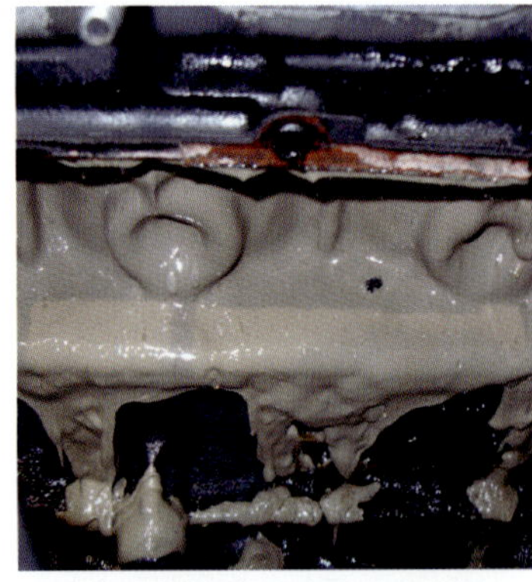

엔진블록 내부 오염모습

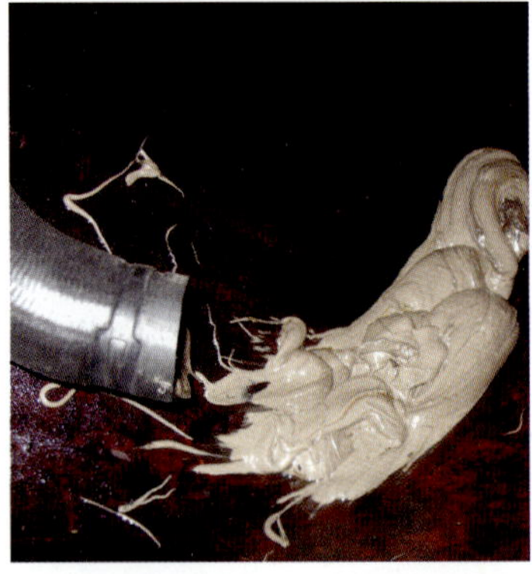

상 호스 내 오일 찌꺼기

하 호스 내 오일 찌꺼기

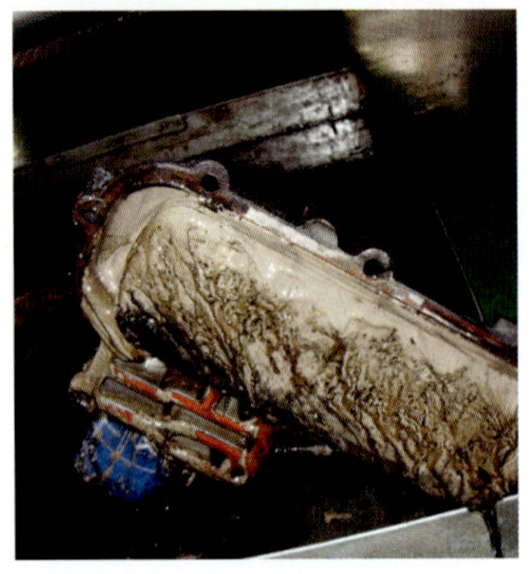

탈거된 엔진오일쿨러 모습

오일쿨러 분해 후 내부모습

오일쿨러 세척 후 모습

수온조절기 오염상태

장비순환식 냉각계통 클리닝

수온조절기 하우징 세척 후

냉각라인 내부 오일유입 모습

냉각수 배출 모습

라디에이터 교환·오일제거제 주입

오일제거제 주입후 모습

희석되어 배출된 모습

냉각수교체 및 성능개선제 주입

3 2 5 냉각계통 누수방지제 시공법

a. 시공원리: 누수방지제의 미세한 청동, 구리, 기타 메탈성분이 냉각시스템 내의 냉각수와 함께 희석되어 순환 중 냉각수 누수부위에 투입되어 막아준다. 시공 전 냉각수가 비교적 깨끗한 상태에서 시공해야 정상적인 부품에 막힘을 주지 않는다.

b. 냉각수 량에 따른 적당량을 제품의 용법(일반용, 헤드가스켓용)에 맞게 흔들어 시공한다.

c. 시공 후 엔진공회전상태 또는 운행 후(라디에이터 표기압력 내 형성)누수 확인 후 출고한다.
　시공부위: 라디에이터, 히터코어, 워터펌프, 안전핀(10분), 엔진블럭, 헤드가스켓(30분)

엔진블럭 동파방지 안전핀 누수

워터펌프 숨구멍 누수

플러그 손상(맨 우측)모습

워터펌프 누수

분말 형 누수방지제

분말형은 온수에 녹인 후 시공

실린더 헤드가스켓 누수

액상형 헤드가스켓 누수방지제

3 2 6 냉각계통 손상사례 및 냉각성능개선제

냉각수관리 미흡으로 인해 손상된 부품 비교사진과 냉각계통 기능성케미컬 활용 방법이다.

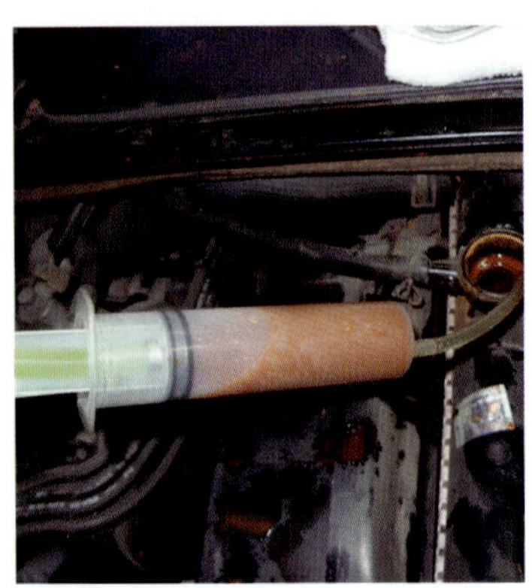

냉각수 비교·점검

워터펌프 신·구품 비교 모습

라디에이터 구·신품 비교 모습

녹발생 냉각수

배출한 녹물 냉각수

정상적인 냉각수

엔진블록누수 모습

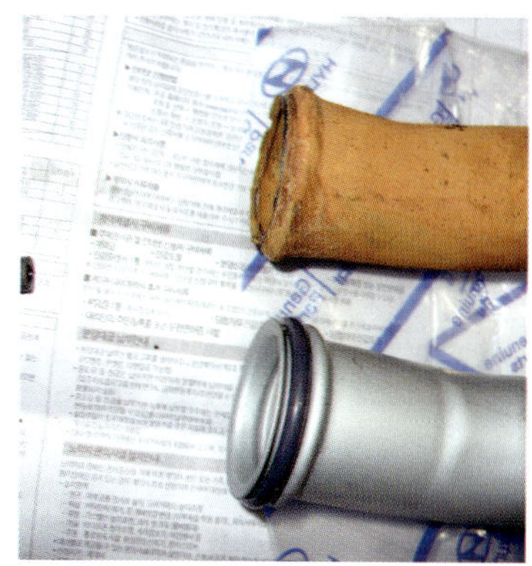

워터파이프 구·신품 비교

수온조절기 구·신품 비교

냉각성능개선제 시공

냉각계통 기능성케미컬

3 2 7 냉각수 관련 참고자료

a. HLB값 이란?

여러종류의 계면활성제의 특징을 획일적으로 분류하여 각각의 용도에 맞게 사용하도록 하기위한 지표를 HLB값(value, hydro phile lipophile balance)이라 한다.

계면활성제는 1분자 중에 친유기(lipophilicgroup)와 친수기(hydrophilicgroup)를 공유하고 있으며 계면활성제의 성질을 각각의 친유성과 친수성의 강약정도를 수치로 분류한다.

HLB값은 0~20의 범위로 표시하고, 그 값이 작을수록 분자 전체로서 친유성이 강하게 나타나며 그 값이 커질수록 친수성이 강하다.

어떤 물질의 HLB값은 그 물질의 친수, 친유정도를 추정한다.

HLB값 예: 1~3은 소포제, 3~6은 W/O형 유화제, 7~9는 습윤제, 8~18은 O/W형 유화제, 13~15는 세정제, 15~18은 가용화제로 적합하다.

식품용 계면활성제(유화제)의 HLB값은 아세트산1, 지방산에스테르1~3, 지방산3~4, 젖산3~4, 지방산에스테르2~9, 구연산9, 지방산에스테르4~14, 자당지방산에스테르1~16 보통 계면활성제가 아닌 유지류나 광유는 0에서 2미만이다.

b. pH(페하)란?

① 액체용액의 산 또는 알칼리의 정도를 나타내는 수소이온 농도를 수치로 표현되는 척도이며 pH는 0(강산)에서 14(강알칼리)까지를 말하며 중성은 pH 7의 수치로서 순수한물을 가르킨다.

② 용액 1ℓ 속에 존재하는 수소이온의 량에 따라 pH기호로 표시하며 pH가 7보다 작을 때 용액은 산성이며, pH가 7보다 클 때에는 알칼리성이라고 한다.

③ pH값을 측정 할 때는 pH미터기로 정확한 전위차측정법(표준시약)과 페하리트머스지를 이용한 비색측정법이 있다.

④ pH 2~3: 황산, 염산, 불산, 개미산(분자량에 따라 다름), 빙초산(유기산으로 침투력이 좋아 가솔린 인젝터 재생 시 활용), pH 6.7~8.6: 물고기가 살고 있는 담수(淡水), pH 7.5~8.0 : 수돗물, pH 13: 양잿물, 가성소다(수산화나트륨), pH 7.2~7.3: 부동액 교환시기로 본다.

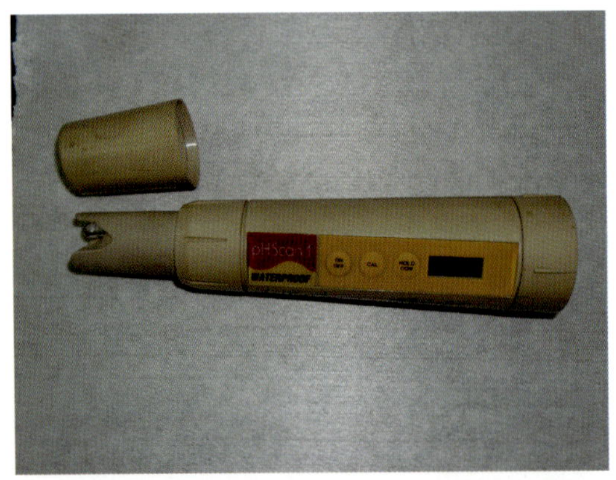

pH미터기

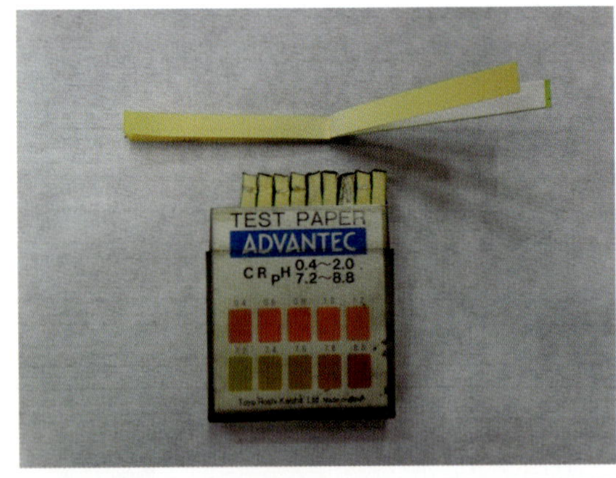

페하리트머스지

p.s: 냉각시스템의 냉각능력을 항상 100% 지속시키는 것이 중요하다. 신차가 출고 된 후 2년 정도가 지나면 부동액 성분 중 고급 첨가제 성분이 라디에이터 압력식캡을 통해 대부분 증발, 감소하여 제 기능을 하지 못한다.

최소한 부식억제제(러스트스탑) 및 불순물 생성억제제와 냉각계통 윤활제를 년 1회 정도는 첨가 해 줌으로써 성능의 지속유지가 가능하도록 도와준다. 냉각수가 비교적 깨끗할 경우 바로 넣어주며 가급적 클리닝 후나 냉각수교환 후에 부동액과 함께 넣어주는 것이 좋다.

3-3 파워스티어링 계통의 케미컬 활용하기

1) 파워스티어링 계통의 노후와 파워스티어링 피스톤, 기어박스, 리테이너 부위 등의 누유치료와 핸들 무거움, 소음개선에 활용 한다.

2) 오일량 부족으로 소음과 기계적인손상이 의심될 때 수리작업 후 펌프와 스티어링 기어의 성능을 복원하기위해 케미컬 시공이 필요하다.

3) 각종 호스류 누유 시 필히 단품교환 수리작업을 선행한 후 씰-복원제를 시공한다.

4) 파워오일보조탱크에 적당량의 씰-복원 및 플러싱 케미컬을 첨가하여 아이들 상태로 시스템에 자체 순환시켜 치료한다.

 – 필요시 윤활보호제를 함께 시공한다.

5) 파워스티어링용 메탈복원제는 부품의 수명연장, 소음감소, 부드러운 핸들링을 주며 펌프구동 저항을 줄여 출력, 연비에 도움을 준다.

신·구유 오일 비교용 주사기

파워스티어링오일 누유 모습

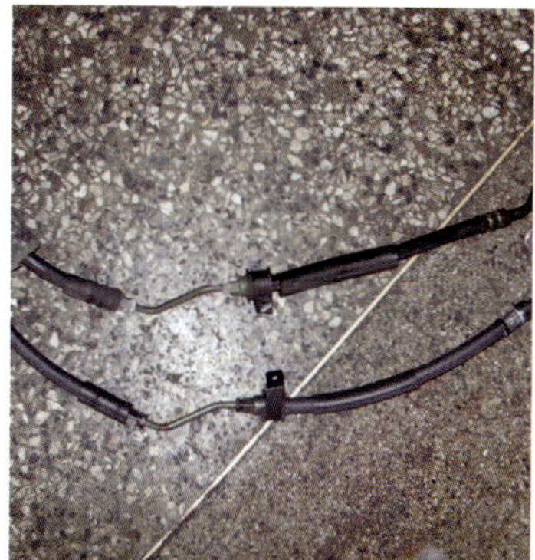

신·구품 유압호스 비교

핸들조인트손상 교환

오일라인 세정 및 씰-복원

파워스티어링 순환식 오일교환

신·구유 오일비교

메탈윤활보호제

파워스티어링 전용 메탈복원제

3-4 수동변속기, 디퍼렌셜기어의 케미컬 활용

1) 기어박스의 경우 구조적으로 고 부하(고성능 엔진, 과적)와 주행저항이 많이 발생된다. 케미컬활용 시 기계적 마찰계수를 떨어뜨려 변속이 부드러워지고 극압을 떨어뜨려 오일의 산화와 노화를 방지하고 차량의 출력 및 연비개선을 보조할 수 있다.

2) 나노메탈복원제 내부의 은-구리-주석의 삼원 도금성분이 기어마찰 면에서 압력과 온도가 발생될 때 활성화되어 도금 복원되며, 변속기내부의 마찰, 구름저항을 줄여 소음을 감소시켜 기어 및 베어링의 내구성을 극대화 시킨다.

주사기를 이용하여 주입

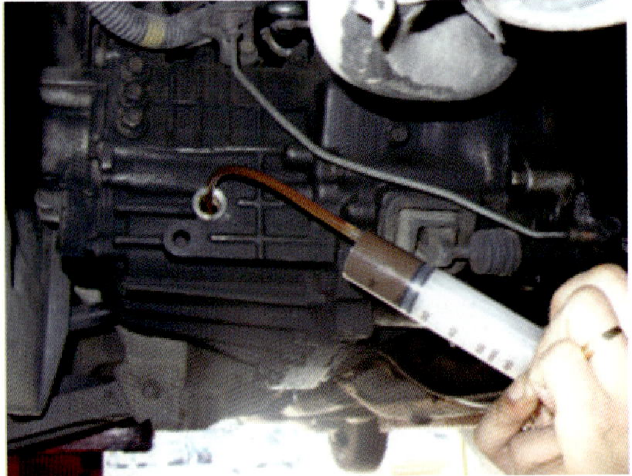

수동변속기용 나노메탈복원제 시공

주사기를 이용하여 주입

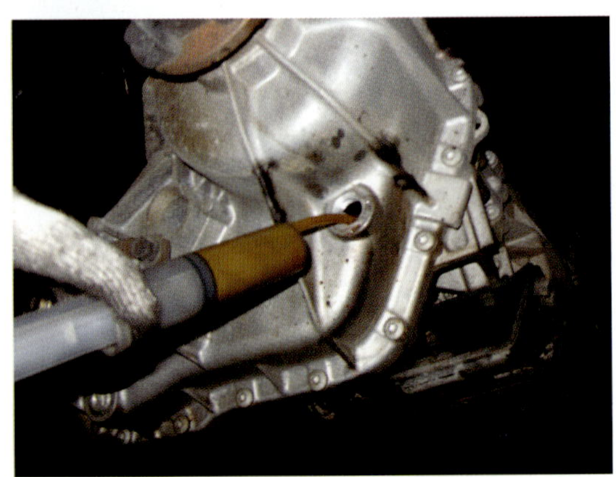

트렌스퍼케이스 시공 모습

주사기를 이용하여 주입

디프렌셜기어 시공 모습

3-5 에어컨계통의 케미컬 활용하기

1) 실내 냄새제거 정비항목으로는 에어덕터(송풍구) 스팀고온살균세척, 송풍기모터 세척, 에바클리닝, 항균필터 교환, 실내 항균 탈취 등의 방법이 있다.

a. 실내 항균필터 점검 및 교환

b. 실내 에바포레이터(방열판)를 약품처리하여 청소한다.

구·신품 실내 항균필터

에바클리너 시공 모습

c. 에어닥터(송풍구)는 스팀살균, 세척한다.

d. 송풍기모터를 탈거하여 직접 세척하여 장착한다.

송풍구 스팀살균

모터 세척(전)

송풍기모터 세척작업

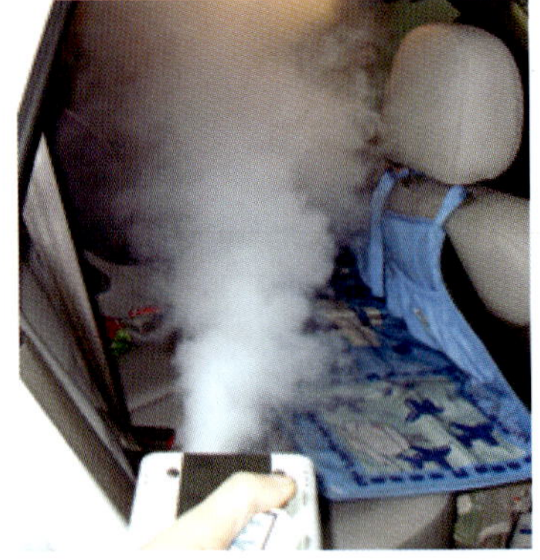

모터 세척(후)

스모그 방식의 실내 항균, 탈취

e. 더운 여름철 냉각수 관리와 냉각팬모터의 회전수 성능확인이 필요하다.

f. 에어컨시스템의 콘덴서와 리시버드라이어는 소모품으로 간주하여 일정기간 운행 후 교환해주는 것이 에어컨 콤프레셔의 내구성과 차량 내 냉방효율을 정상적으로 할 수 있다.

냉각팬 교환

콘덴서 교환

리시버드라이어 교환

2) 에바 전용 클리너 시공법

a. 에어컨필터 제거 후 송풍기모터와 에바코어사이에 시공 또는 구멍을 뚫어 노즐장착 시공

b. 시동을 켠 상태에서 에어컨 작동 후 외기유입 방향으로 온도최저, 송풍량 최대로 한다.
   얼굴방향 상태에서 10분 이상 작동 후 에바코어 방향으로 시공한다.

c. 시공 완료 후 시동을 정지하여 10분정도 대기한다.

d. 다시 시동을 켠 상태서 에어컨을 정상 작동하여 헹굼작업을 한다.

e. 동절기에는 온측 방향(에어컨 온)10분 후 다시 냉측(에어컨 온)10분 이상으로 헹굼시행.

f. 작업 후 노즐제거, 구멍을 봉인한다.

g. 일부 차종은 센터페시아 하단의 ECU, TCU(변속레버 앞측)방수처리로 수분유입 트러블 예방이 필요하다.

  - 조수석 글로브박스 하단, 블로우모터 하단에 위치한 흡음제가 붙은 플라스틱커버를 세척한다.

  - 평소 정기적인 스모그 항균탈취, 살균작업 및 운전자 개인 실내청결 유지는 기본.

  - 산소클러스터이오나이져(보조용품)장착: 클러스터 이온발생으로 오염물질 및 악취 발생억제.

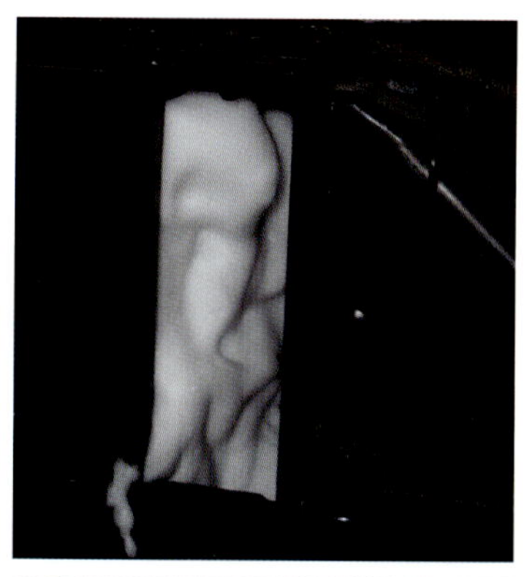

에바클리너 시공

에바 스팀살균

송풍구 스팀살균

송풍기모터 스팀세척

산소클러스터이오나이져

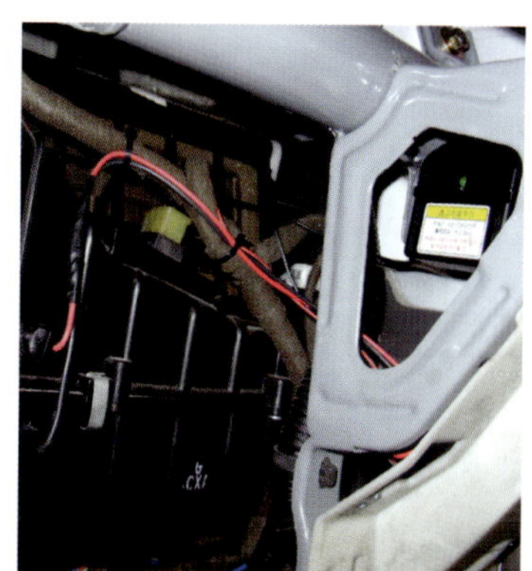

장착 모습

예열스팀클리닝 전용장비 시공

실내 항균필터 교환

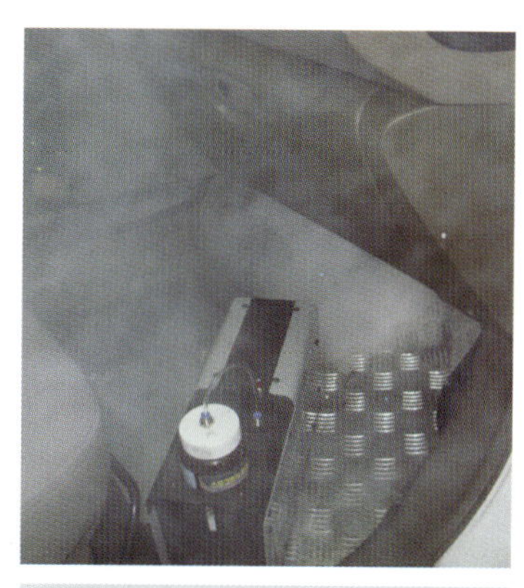

실내 스모그 항균, 탈취

PART.4

차량 정상화 참고자료

4-1 엔진정상화 참고자료

4 1 1 CRDI 엔진

◆A엔진의 구성◆

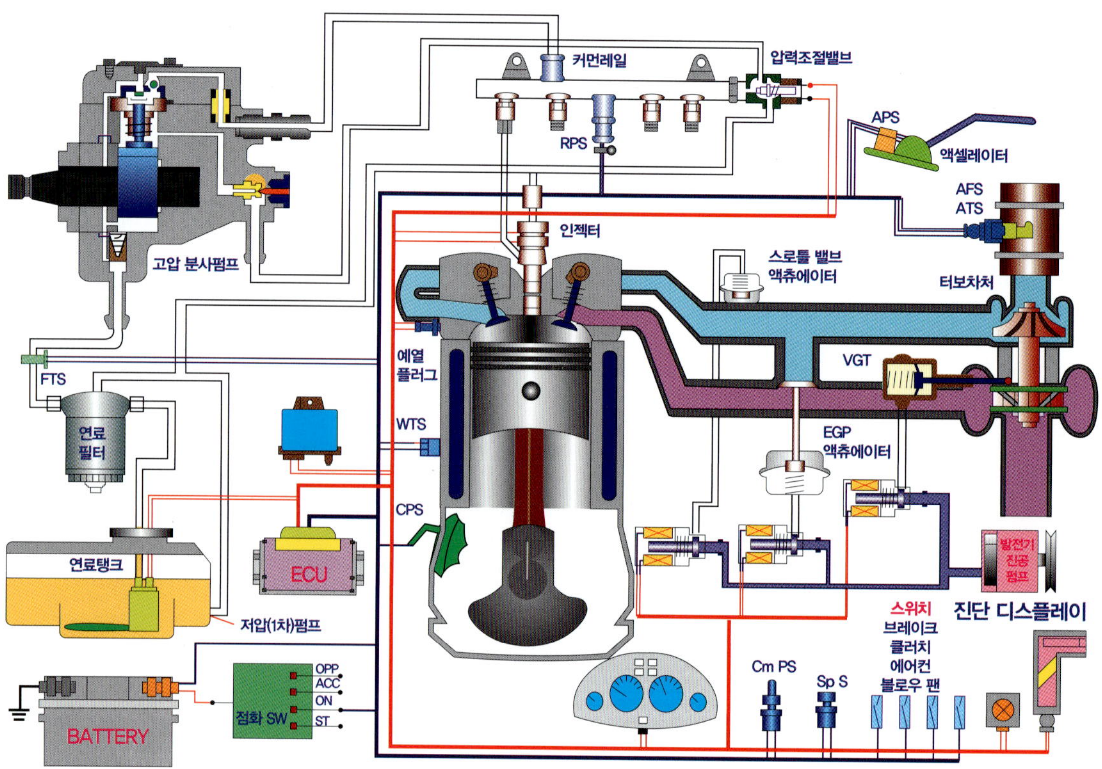

◆CRDI 엔진의 입·출력 요소◆

　　◆**종류** : 보쉬1세대 : 산타페2.0, 트라제XG2.0,카렌스2.0 엔진등에 적용
　　　　　　보쉬2세대 : 쏘렌도2.5TCI, 스타렉스2.5TCI 엔진등에 적용
　　　　　　텔파이 : 테라칸2.9, 카니발Ⅱ2.9 엔진등에 적용

　　◆**연료분사장치 구조**

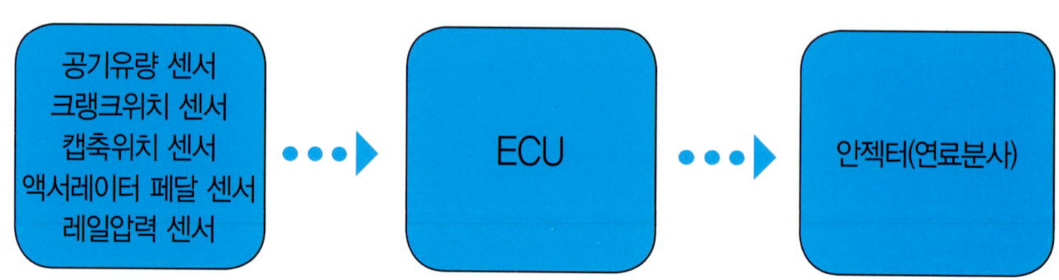

◆연료분사장치 작용

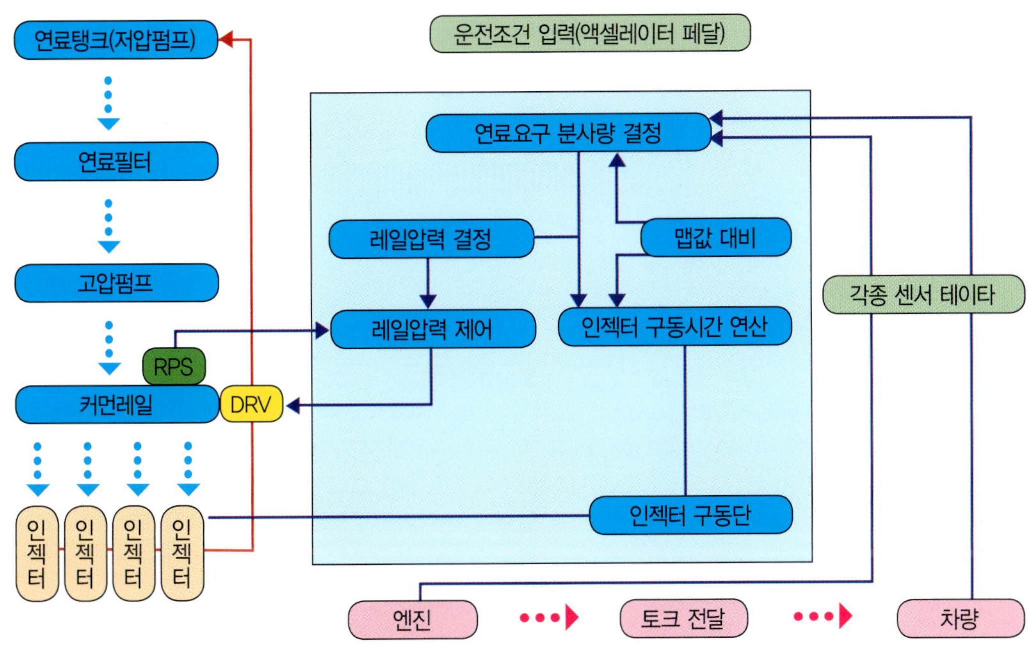

◆전자제어 입·출력 요소

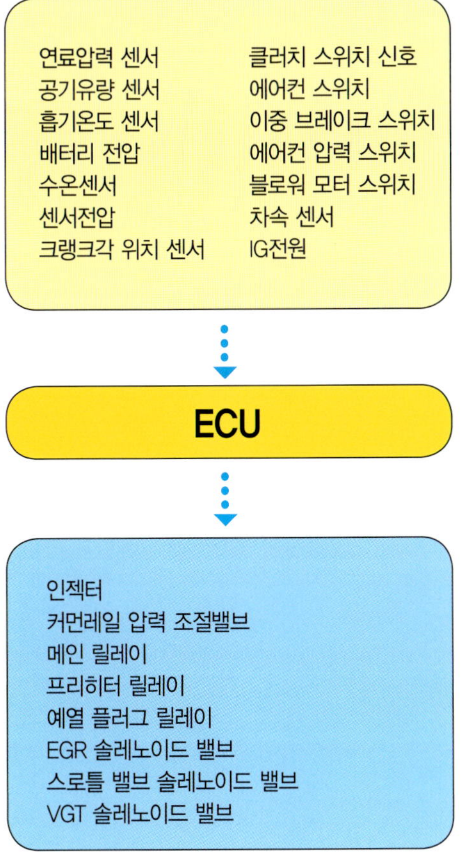

* 엔진과 적용 차종 *

    U-1.5/1.6: 아반떼(XD, HD), 뉴 베르나(MC), I30, 클릭, 뉴 프라이드(JB), 뉴 쎄라토

    D-2.0/2.2: 싼타페, 트라제XG, 투싼, 뉴 싼타페, 쏘나타(NF), 스포티지, 카렌스2, X-TREK, 로체(MG)

    A-2.5(2.497cc): 포터2, 스타렉스, 그랜드 스타렉스, 리베로, 쏘렌토

    KJ-2.9(2,902cc): 테라칸, 봉고3, 카니발2, 그랜드 카니발

    S-3.0(2,959cc), 베라크루즈(EN), 모하비

a. D2.0엔진 연료계통

 * 연료온도센서(FTS): 고압펌프의 윤활막 파괴로 인한 손상방지

  - 80℃이상 300RPM 연료제한(D, J장착/A-엔진은 장착 안됨)

 * 연료필터 구성: 연료온도스위치, 연료히터(-3℃ 이하 ON), 수분감지센서, 오버플로우 밸브

b. 연료압력 모니터링 경고등 조건

    고압시스템에서 누출과 기타 고장감지를 위함. 레일압력이 1450bar초과 시, 연료압력 제어회로에 250bar이상 편차 발생 시 에러 인식, 내·외부누출, 연료잔량부족 등 낮은 압력순환에서의 에러, 고압펌프효율성이 너무 낮음, 인젝터 누출 많음(2500bar 초과-듀티율이 100%), 인젝터 제어량이 높음 (연료라인 폐쇄 시-듀티율이 10%이하)

c. D2.0엔진 AFS기준 값: 아이들 450~500mg/st(WGT), 400~420mg/st(VGT)

  - EGR작동시: 280~360mg/st(WGT)

  - 스톨테스트 정상치: 2,400rpm이상(WGT), 2,700~2,800(VGT)

 * 싼타페cm AFS기준 값(아이들): 2.0=430mg/st, 2.2=480mg/st

  - 신형(2008년 이후): 미션보호를 위해 스톨테스트 불가(B/R스위치 짹 탈거 시 가능)

 * 베르나, 프라이드 디젤: 아이들 약350mg/st, 스톨 값: 2,700rpm이상

 * AFS와 EGR듀티 변화와 상관관계가 없을 시 전자EGR 교환

   흡기누설(EGR포함)임의로 확인 법: AFS직전을 강제로 막았을 때 시동이 꺼져야함

 * 기준 값 보다 과도하게 높거나 낮을 시

  - 흡입호스 찢어짐, 파이프 갈라짐 등 누기점검, 인터쿨러 손상, 인젝터동와셔 누설확인

 * EGR중지명령: 연소에 지장을 주는 조건의 경우, EGR율을 파악할 수 없는 상황

  - 아이들 시(단, 1000RPM 이상 급가속 직후 약52초 전후 작동), AFS고장 시, EGR고장 시

  - 냉각수온 37℃이하 또는 100℃이상 시, 배터리 전압이 9V이하 시

  - 연료량이 42mcc이상 분사 시(엔진회전수에 따라 다름), 시동 시, 대기압이 기준 이하 시

d. 커먼레일 레일압력센서 진단, 기준 값

 * 인넷미터링 밸브(IMV): ECU에서 목표연료압력에 맞게 입구유량제어 역할

 * 보쉬2세대(A엔진): 크랭킹 시 연료압력 조절밸브 듀티 값: 50%이하 / 목표 값170bar,

   아이들 시: 16~18% / 약265bar, 가속 시: 30% / 950bar(무부하4000rpm)

   스톨 시: 50%이내 정상(여름60%, 겨울40%-연료온도, 점성 변화)

 * 델파이(KJ): 크랭킹 시 IMV듀티 값38% / 목표 값170bar,

   아이들 시30% / 약265bar, 가속 시25% / 950bar(무부하4000rpm)

  -피에조 인젝터=연료압력 최고 1800bar이상

e. 기본점검 및 현상별 진단

* 기본점검
  - 자기진단 고장코드, 스캔데이터 확인.
  - 크랭킹 시 스캐너상 연료압력 250bar내외가 정상(120bar이하는 연료계통 불량)
  - 크랭킹 시 스캐너상 엔진회전수 250~300rpm확인 및 파형빠짐 확인.
  - 배터리 충전 후 재확인.
* 시동지연: 아이들 연료압력이 260~270bar에서 엔진정지 시 3.6bar이하로 떨어지는 시간이 3~5초이상 유지 시 정상.
* 냉간 시 부조 재현: 임의로 D레인지 1400rpm스톨 유지상태에서 풀 전기부하모드(헤드라이트, 에어콘, 안개등, 열선시트 등 ON)에서 보정 량 확인.
* 가속 시 부조 및 간헐적 시동 꺼짐.
  - 임의로 1450rpm(1500rpm부터 ECU연료보정 값 표출불가)스톨테스트로 인젝터 보정 값이 4.0이상 확인.
  - 주행테스트 시 풀 부하모드에서 오르막구간 3속 이상 변속구간에서 가속 시 다발생 재현 가능, 밸브장치 과다마모, 꺽임 확인(마이너스 보정 량은 매연과 관계)

f. 디젤 백연발생 예상 원인

* 엔진오일 연소실 유입 시

터보차져 엔진오일 유입 시(흡입 호스분리 후 점검), 인젝터 동와셔 밀착불량(볼트, 일명 오리발), 가이드고무 손상, 인젝터 조립 불량(볼트 늘어짐–규정토크불량)의 경우 흡입행정 시 인젝터 몸체 O링을 통해 실린더 내부로 엔진오일 유입 시 연소온도 상승으로 실린더 라이너 손상, 피스톤 및 피스톤링 마모.

* 적정 연소온도 미달로 인한 불완전 연소 시

압축압력(보쉬17.7kg/cm2 / 델파이19.3kg/cm2)부족, 연소온도 미달, 연료라인 에어유입(연료필터 불량, 각 호스)확인, 인젝터 배선 커넥터 접촉 불량확인, 인젝터 분사개시압력 불량, 인젝터 홀 카본청소 불량·누설 시, 동와셔 2장 오조립, 가열플러그 후 예열불량, 압축압력 테스트, 밸브팔로우, 캠브릿지(캡–밸브)등의 마모로 밸브 개폐시기 불량, 커넥팅로드 휨, 피스톤 손상, 타이밍(실린더헤드)불량, 밸브커버 블로바이가스호스 카본누적(배압발생)점검, 필요시 오일세퍼레이터 장착.

g. 디젤 매연, 흑연발생 예상 원인

흡입공기량 부족, 연료량과다 시 발생 (에어클리너 막힘, 매니폴드 내 카본누적 점검)AFS, EGR피드백 센서데이터 비교 확인, 터보손상(임펠러 날개손상 및 고착, 가변제어 진공밸브), 인터쿨러 호스 찢어짐, 파이프 찢어짐, 압축압력 불량 EGR밸브 밀착 불량 및 파손(80%), 인젝터점검, EGR솔레노이드 불량(소음, 열화 확인), 진공호스점검, 연료온도센서 점검 확인, AFS성능저 하 및 불량. ECU 업그레이드 및 스캐너 초기화 작업.
  - 배기토출압력이 낮은 스톨테스트에서 매연이 발생차량은 실제주행에서도 매연발생 재현된다.

h. 디젤 출력부족, 가속불량 예상 원인

* 인젝터 분사 개시압력, 인젝터 불량(주 분사량 과소. 리크량 과대), 흡입공기량 센서 불량, EGR 밀착불량, 터보차져(진공누설, 액추에이터 불량), 기계적 타이밍 확인, 밸브장치 과다마모, 냉각수온 상승(수온조절기, 팬 클러치), 연료온도상승(센서 접불 등), 레일 압력센서, 촉매 막힘, 수동미션 중립스위치(ON, OFF)점검, 기계적 타이밍 확인
* 스톨 시 레일압력이 정상 값에 근접하면 인젝터. 고압펌프 상태는 양호한 것으로 판단.
* 인젝터 불량, 분사팁 막힘, 타이밍 불량의 경우 가속 시 노킹 발생.

◆ 스캔데이터 및 정·동적 리크 량 테스트 ◆

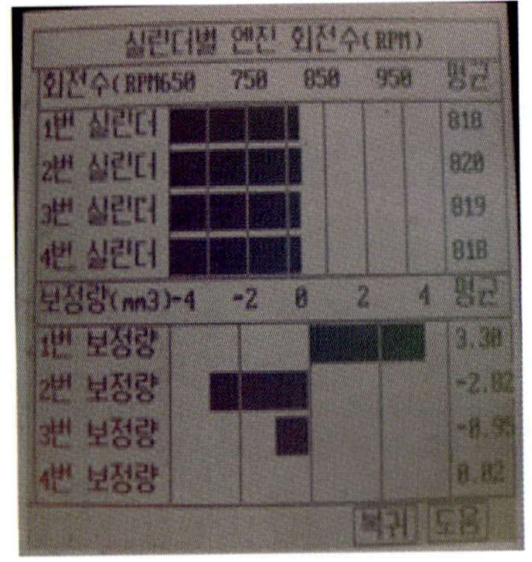

인젝터보정량 테스트

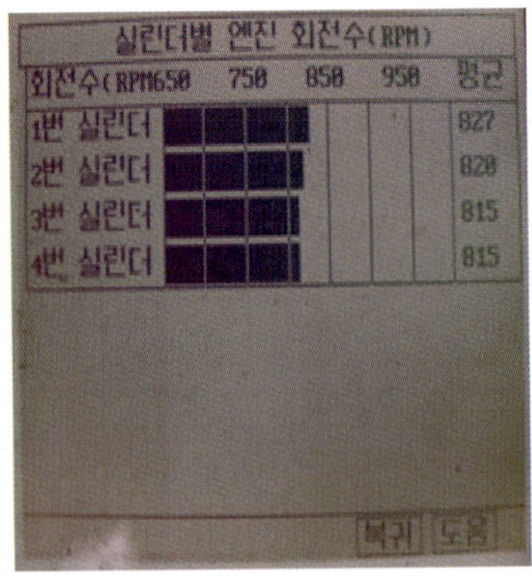

엔진회전수 테스트

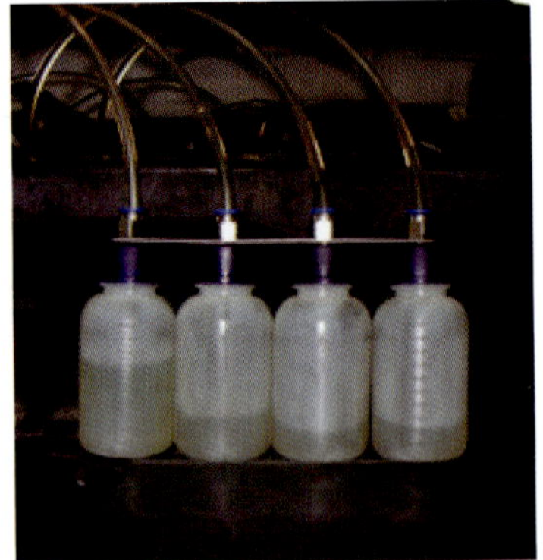

인젝터 리크량 테스트

◆ 인젝터 탈거 클리닝 및 분사, 리크량 점검트 ◆

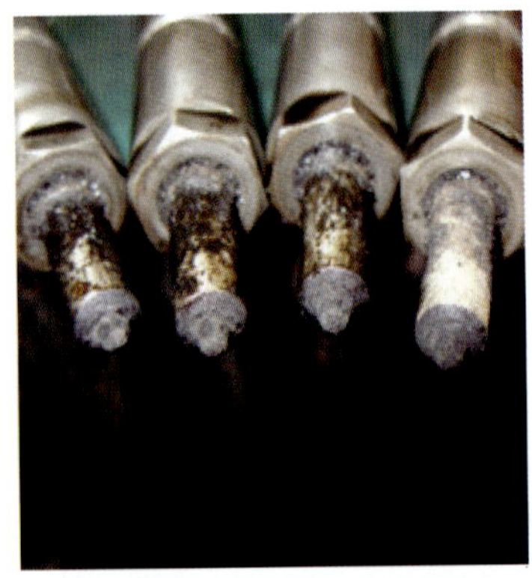

탈거한 인젝터 오염모습

초음파클리닝

테스트 및 클리닝

인젝터 분사상태 확인

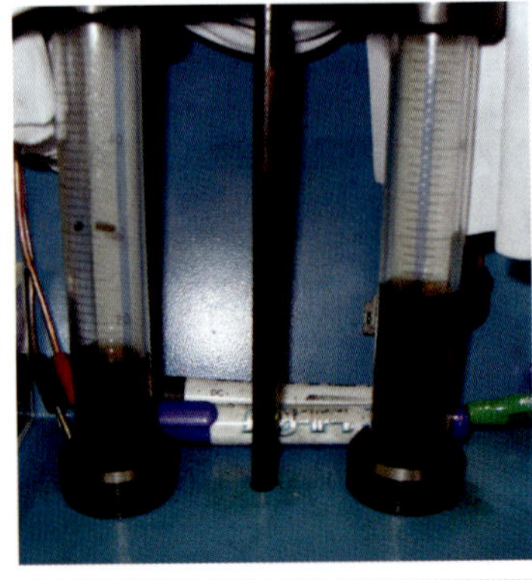

분사량 부족·리크량 과다

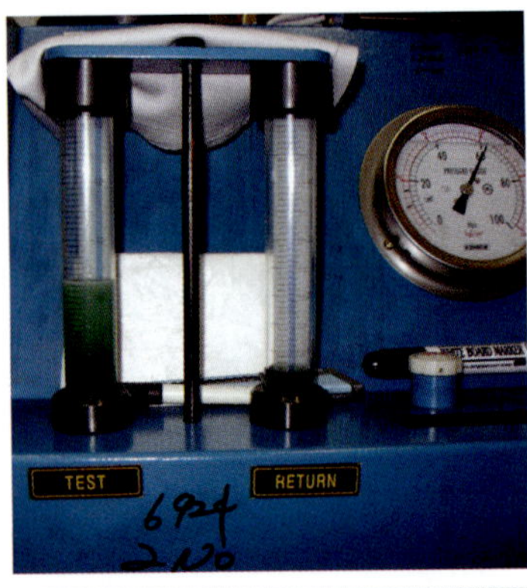

정상적인 분사량

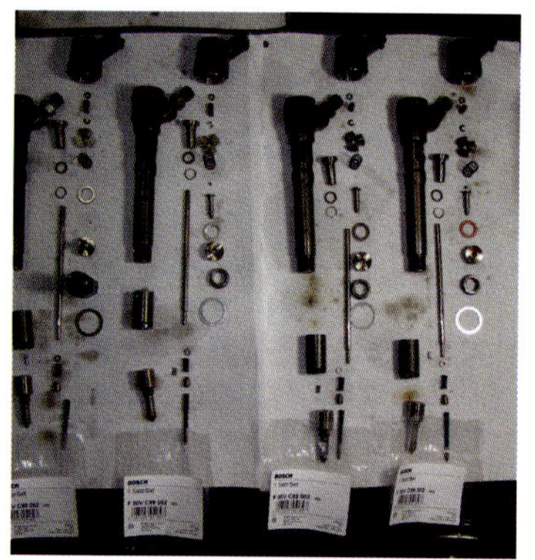

보쉬 인젝터 분해모습

고압씰 파손모습

고압씰 구·신 부품 비교

델파이 고압펌프 분해 모습

고압펌프 쇳가루 모습

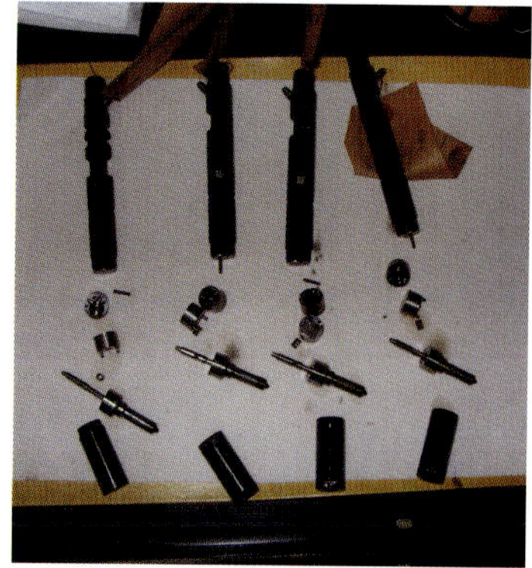

델파이 인젝터분해 모습

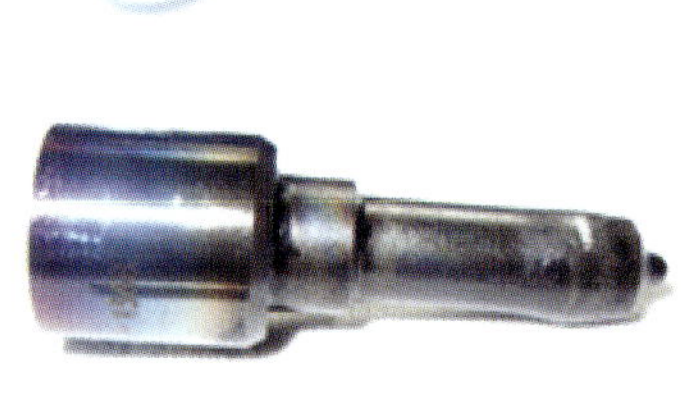
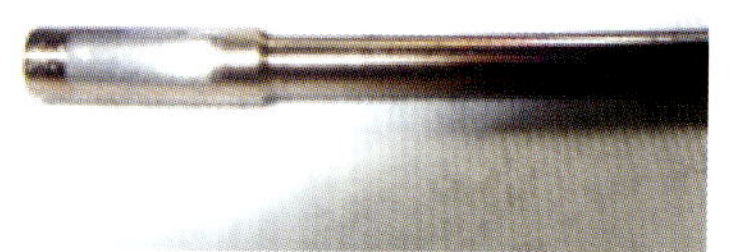

분사노즐, 플런저 열화 손상

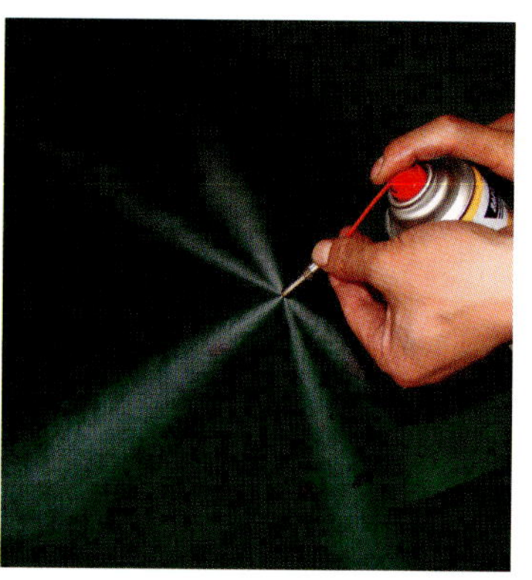

분사노즐 손상 확인

수리 완료된 인젝터

◆밸브장치 교환◆

이물질 유입방지(작업 전 세척)

로커커버 탈거

캠샤프트 탈거 모습

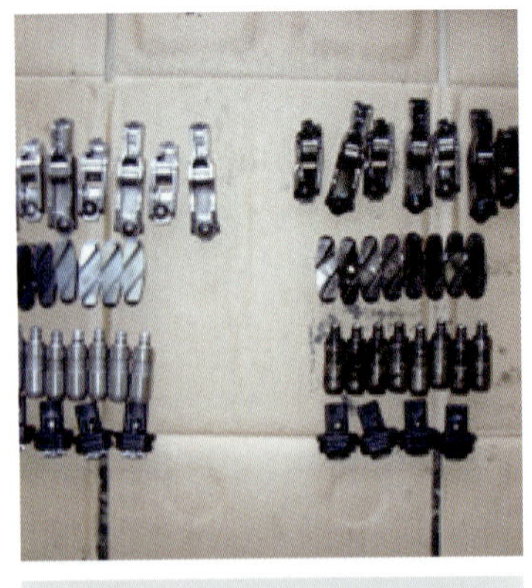

탈거된 신·구 부품 비교

밸브브릿지 신·구 마모 상

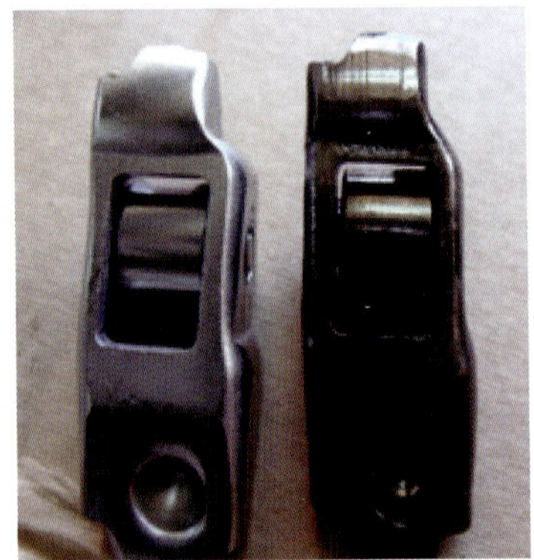

로커암 신·구 마모 상태

◆타이밍벨트 손상에 의한 밸브장치 손상모습트◆

타이밍벨트 손상모습

로커암 파손모습 1

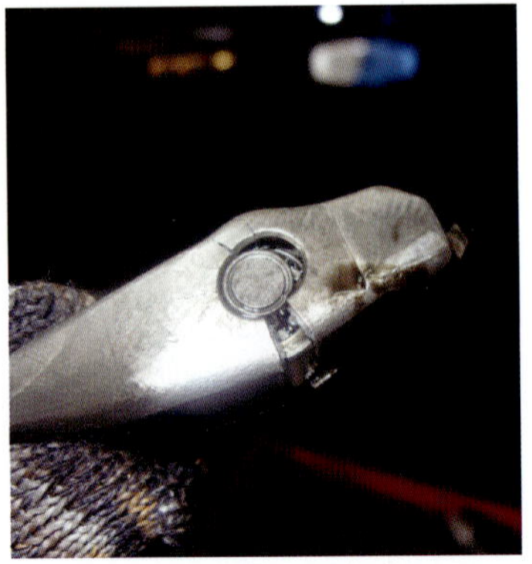

로커암 파손모습 2

스로틀 플랩 카본누적 모습

흡기매니폴드 카본누적 모습

헤드 흡기포트 클리닝

헤드 흡기포트 클리닝 후

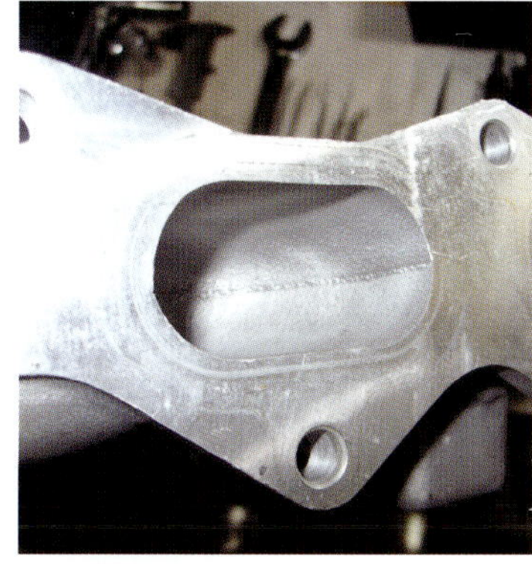

흡기매니폴드 클리닝 후

헤드 흡기포트 가공작업1

헤드 흡기포트 가공작업2

헤드 흡기포트 가공완료 모습

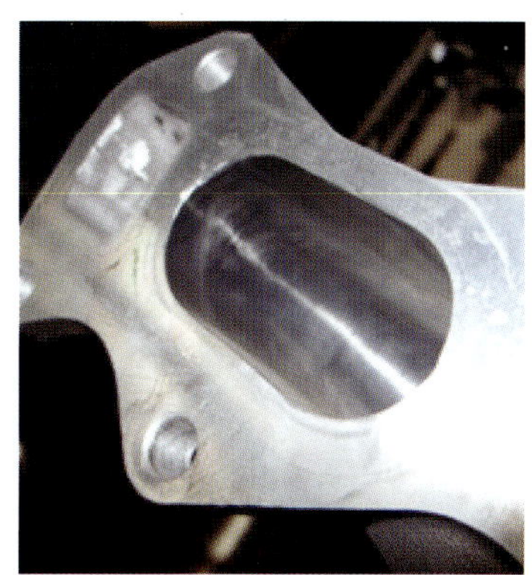

흡기매니폴드 포팅완료 모습

◆흡기밸브 및 실린더헤드 측 추가 클리닝 작업◆

탑엔진클리너(거품식) 시공

에어무화식 흡기클리닝장비 활용

무화된 세정액 분사모습

◆CRDI연료필터 교환 및 연료라인 케미컬시공◆

신·구 연료필터

연료필터 내부오염상태

준비된 케미컬

연료 수분제거제 시공

연료 인젝터클리너 시공

◆디젤연료필터 교환 및 연료라인 케미컬시공◆

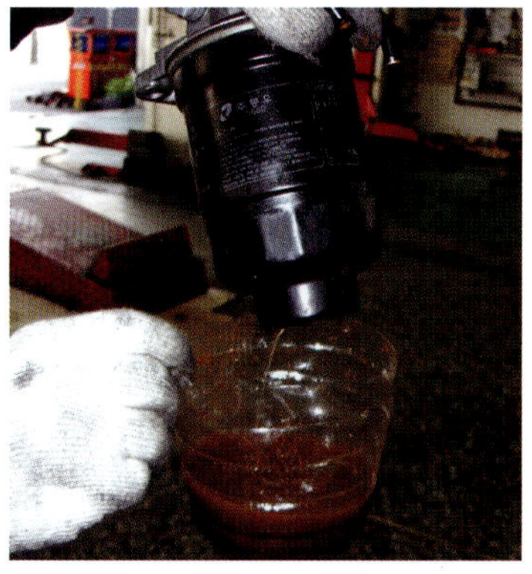

필터내부 이물질 모습

필터내부 수분유입 모습

연료 인젝터클리너 시공

◆AFS점검 및 스캔데이터 확인◆

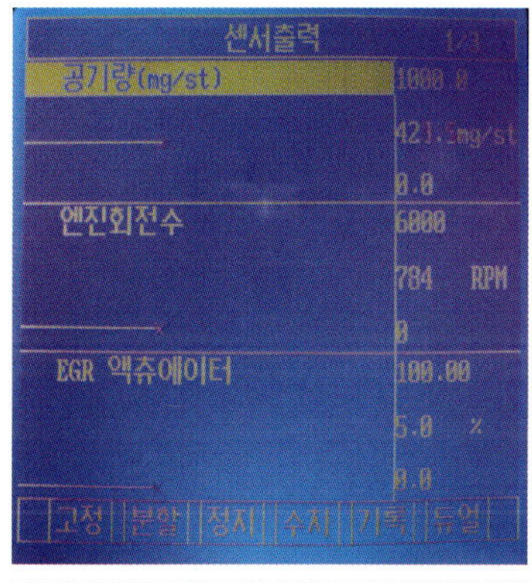

AFS값, EGR듀티 제어 비교

AFS 신·구 모습

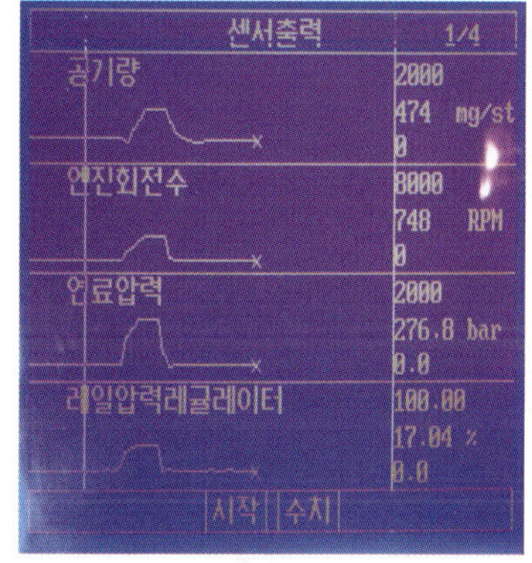

스캔데이터 최종점검

◆엔진부품 손상, 수리 모습◆

손상된 엔진 모습

실린더헤드 탈거 모습

밸브 변형 확인

차량 정상화 참고자료

◆엔진부품 손상, 수리 모습◆

구·신품 밸브비교 모습

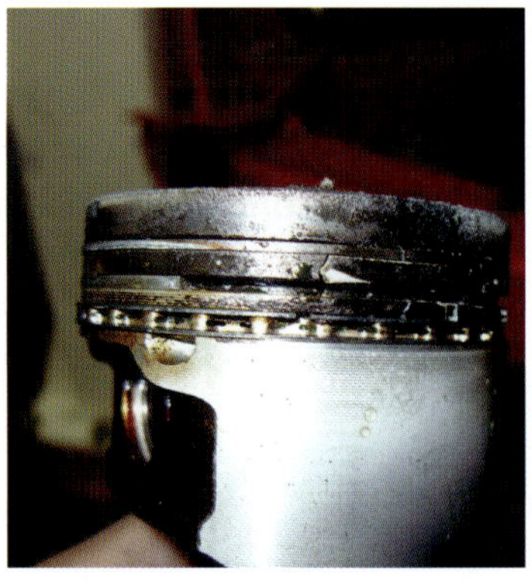

피스톤 손상 모습(가솔린)

실린더 내벽 손상 모습

신품 피스톤 모습

정상적인 엔진 모습

손상된 피스톤 모습

피스톤 구·신품 구성품 모습

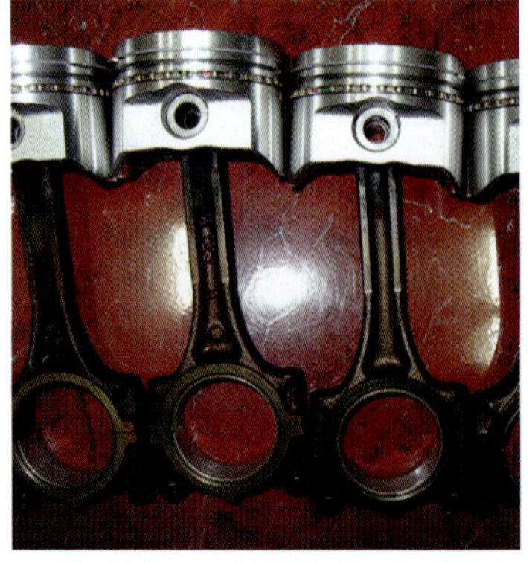

신품 피스톤 조립 모습

피스톤 손상 모습(디젤)

실린더 내벽 손상 모습

조립된 엔진어셈블리 모습

터보장치 신·구 비교 모습

i. 스웰 제어 밸브(SCV-Swiri Control Valve): 저속으로 엔진회전 시 피스톤 하강속도가 특히 늦을 경우 혼합기의 화염전파 속도가 느리게 된다. 따라서 흡기포트의 길이, 취부각도, 형상에 따라 와류발생량이 달라진다.

– 공회전, 저속, 저 부하 시: 스웰밸브를 닫아 흡입통로를 길게 하여 스웰을 증가시킨다.

– 엔진회전수 3000RPM이상 시: 스웰밸브를 열어 흡입통로를 짧게 하여 공기저항을 줄여준다.

– 포지션센서를 통한 DC Motor듀티 위치제어 방식으로 에러발생 시 최대90° 열림제어 한다.

– KEY OFF시 액추에이터 플레이트 이물질고착 손상방지를 위해 2~3회 Full Open-Close반복으로 최대, 최소위치 학습제어 한다.

– 엔진RPM상승 시 가변 스웰 액추에이터 듀티율이 감소하는지 확인 점검.

j. 엔진 진동감쇄 조치 내용

소음기변형(타이밍벨트 작업 시)수정, 자바라 타입으로 개조(소음기 고정용 8자고무 교환), 각종 미미 브라켓, 크로스멤버 공차체결, 핸들조인트 점검, 핸들칼럼 고정 브라켓, 라디에이터 고정 브라켓 부싱 헐거움 확인. 냉각수 상·하 호스 경화 시 교환, 발전기 풀리(원웨이클러치)확인, 캠 팔로우 마모 및 꺽임, 밸브개폐시기 불량, 인터쿨러브라켓 수정, 크로스멤버와 전·후 미미와 소음기를 헐겁게 풀고 기어 전·후진으로 엔진을 움직여 중심을 맞춘 후 공차체결.

k. 기본 점검항목과 견적서 항목 소개

차량을 입고하게 된 동기와 경위에 대한 첫줄 메모, 고객스캔데이터 및 고장코드 확인, 엔진 회전밸런스 테스트, 분사보정량 테스트, 흡입공기량센서(AFS) 성능테스트, 인젝터 동·정적리크 테스트, 흡기매니폴드 탈·부착 및 클리너, 스로틀플랩 제어점검, 흡·배기매니폴드 가스켓 교환, CKP센서는 실드처리된 것은 개선품으로 교환(10만km이상 시), CMP센서 관련회로, 탑 엔진클리너 시공, 흡·배기밸브 밀착개선, 부스트압력센서 클리닝 점검, 흡기매니폴드 세척플러싱(흡입 관성저항 감소 및 카본누적 방지), 인젝터 탈·부착 및 초음파클리닝, 분사·리턴 테스트 및 클리닝(전용장비사용), 인젝터 분해 세정 및 수리, 인젝터 분사각 및 무화 개선, 인젝터 분사 개시 압력 테스트 및 수리, 커먼레일 탈·부착 및 클리닝, 인젝터노즐 홀가공, 동와셔 교환, 밸브리프트, 로커암, 브릿지SET 교환, EGR밸브 탈·부착 클리닝 및 밀착개선, 연료필터 교환, 연료라인 수분제거제 시공, 인젝터클리너 시공, 흡·배기 및 연소실클리닝/1H(에어장비클리닝), 인젝터(연료라인)장비클리닝 시공/1H, 흡기, ECR, DPF시스템 장비예열클리닝 시공, 멀티흡기와류 용품장착, 싱글흡기와류 용품 장착, 배기가스 역류방지용품 장착, 나노메탈복원제 2차 시공, 압축 압력개선 및 복원제 시공.

I. 가열플러그 쉬운 점검 법

* 전류계 설치 후 시동키 on/off 수회 반복 예열 후 전류 값을 읽는다.(정상: 개당 약5~6A)

  예: 18A측정 시 1개 불량, 5~6A는 3개 불량

  (D1은 상시 가열, D2는 스캐너 강제 구동)

* 20만km이상 차량은 가열플러그 탈거 시 파손우려가 있으므로 추가견적 고지 후 작업한다.

4 1 2 LPG 엔진

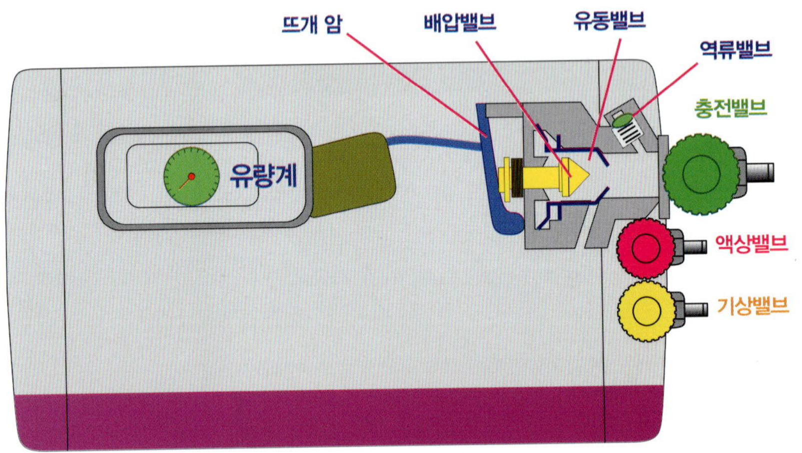

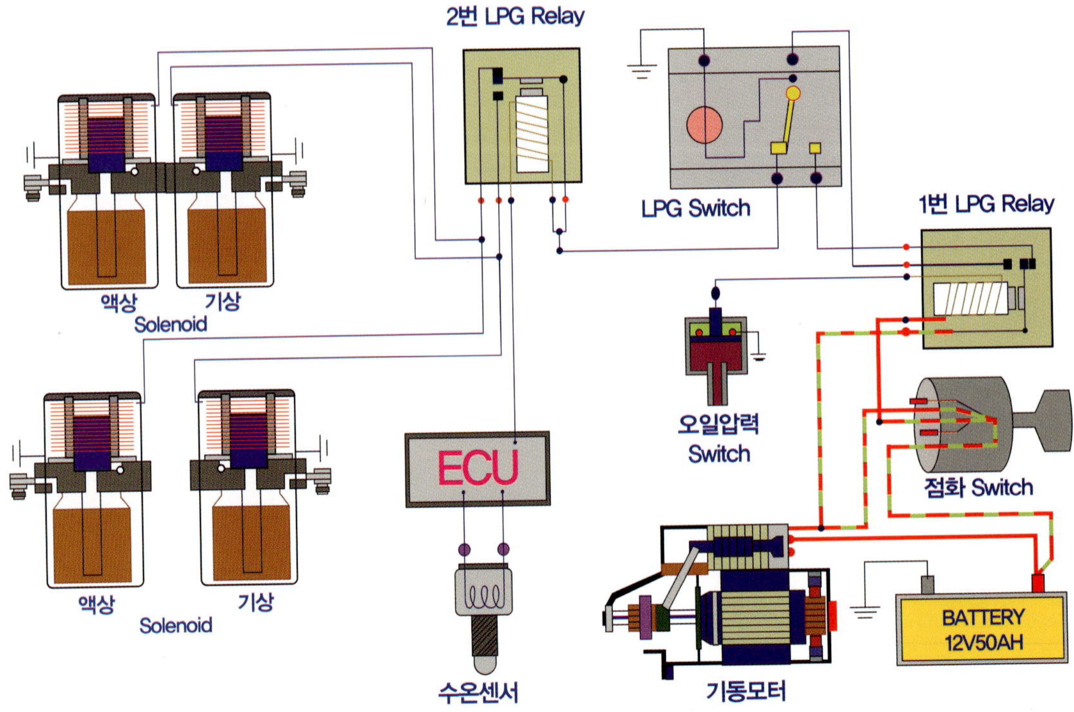

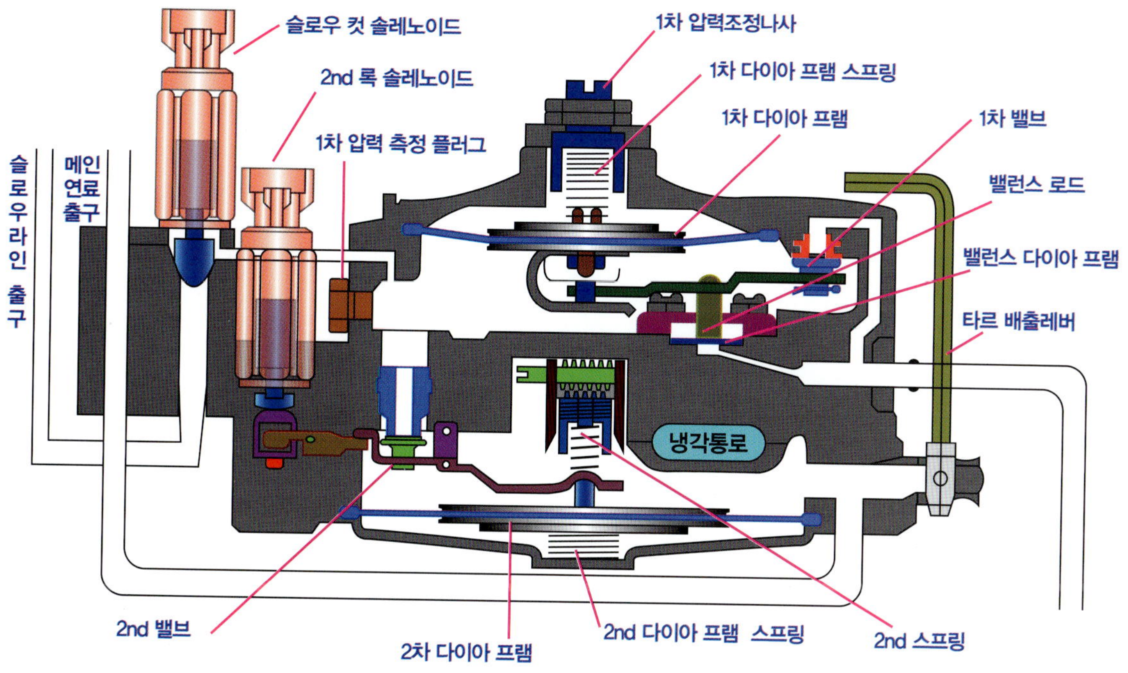

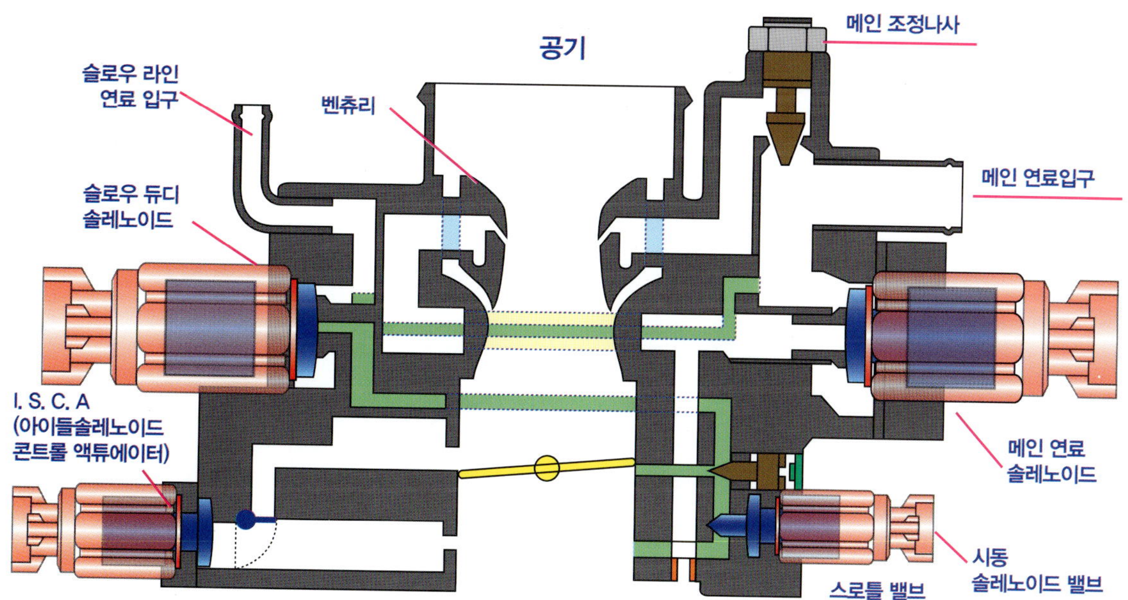

a. LPG 참고사항

부탄 증기압: 0℃에서0.5Kg/, 프로판 증기압: 0℃에서 3.5Kg/
14℃이하: 기상밸브작동, 19℃이상: 액상작동, 붐베 압력(탱크): 7~10Kg/
기화기 1차실압력 0.3±0.02Kg/, 2차실압력: 대기압

b. LPG연료시스템 정상화 작업

◆배기가스 점검 산소센서 및 듀티점검, 베이퍼라이저 1차실 압력점검◆

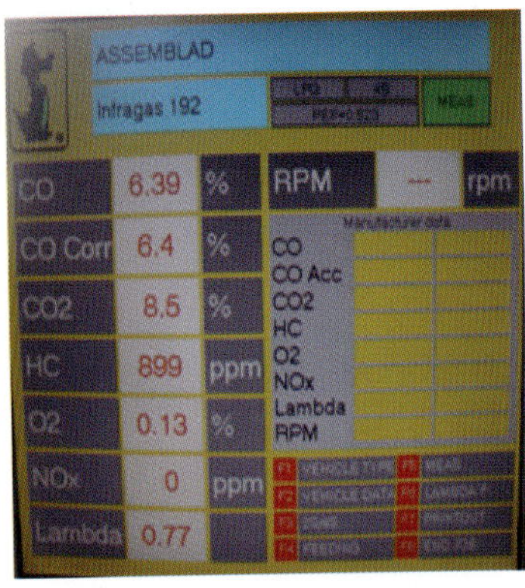
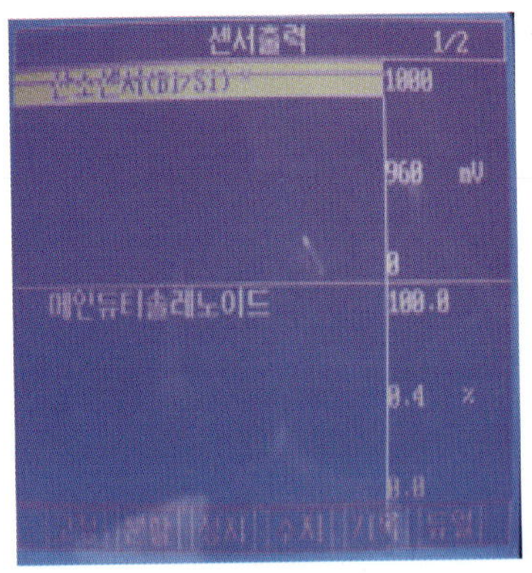

◆베이퍼라이저 오버-홀검◆

◆액·기상 솔레노이드 오버-홀 및 LPG필터 교환◆

◆LPG믹서 오버-홀◆

◆흡기 및 연소실클리닝◆

베이퍼라이저 압력계 설치 | 1차실압력 낮음 | 정상압력(0.3±0.02Kg/㎠)

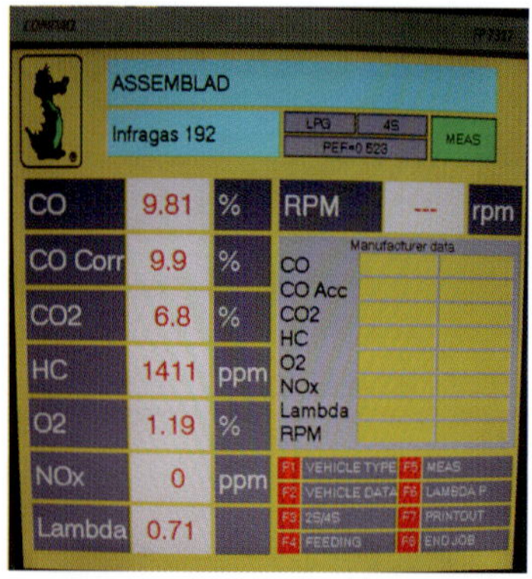  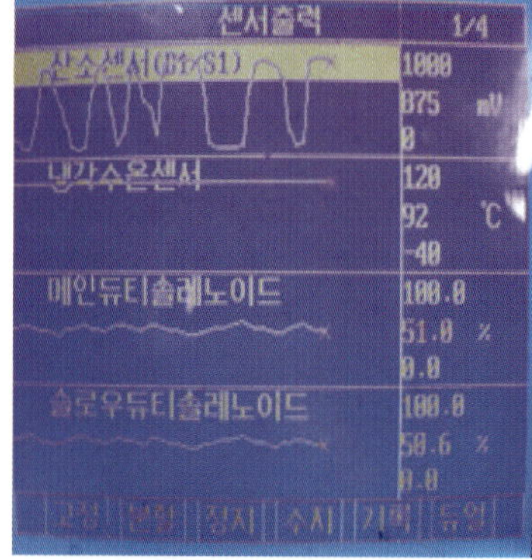

측정된 불량 데이터 | 배기가스 정상데이터 | 듀티(공연비)조정 스캐너 화면

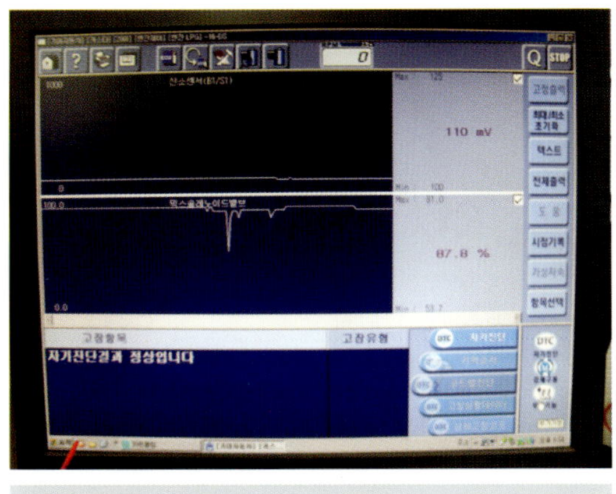

LPG공연비조정(전)

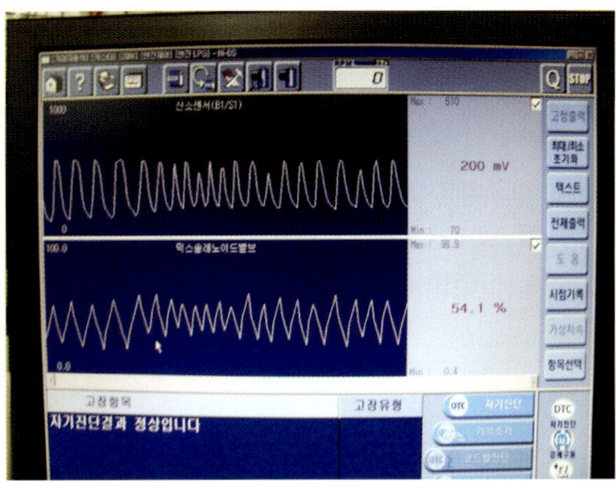

LPG공연비조정(후)

엔진룸 클리닝 서비스

실내 연막살균 서비스

휠·타이어 세척 광택 서비스

c. 기본 점검항목과 견적서항목 소개

 액·기상 솔레노이드밸브 오버–홀, LPG필터(1, 2차)교환, 액·기상 솔레노이드 분해 및 세정 수리, 베이퍼라이저(기화기) 오버–홀, 베이퍼라이저 클리닝, 베이퍼라이저 1차실 압력 조정, LPG솔레노이드 탈·부착 클리닝 작업, LPG믹서 탈•부착 오버–홀 세팅, LPG라인 클리닝, LPG 메인듀티 및 슬로우듀티 조정, 메인 및 슬로우 듀티 솔레노이드 작동성능 테스트, EGR밸브 성능 테스트 및 클리닝, 배출가스 정밀조정 및 정상화, LPG스위치·릴레이 점검.

4 1 3   LPI 엔진

a. 개요: 현대·기아자동차에 적용되는 LPI엔진은 크게 2003년 처음으로 적용된 그렌져XG차량의 델타(δ)엔진과 NF소나타, 로체, 뉴카렌스에 장착된 세타(θ)엔진, 그랜져TG, 뉴-오피러스 차량의 뮤(μ)엔진등이 있으며, LPG연료온도와 연료압력 변화를 IFB(inter face Box)에 전송하여 다시 ECU센서데이터와 비교 연산하여 연료분사량·LPI램프·연료차단솔레노이드, 펌프드 라이브 등을 제어한다.

산소센서 기준(0.45V)공연비보정 제어학습 정상값:100% ±30%(지시범위는−100%~100%)

* 과도하게(+)값 출력 시: 기본 인젝터 분사시간 보다 증가제어 중으로써 공기량센서 불량, 인젝터 막힘, 연료압력 저하, 연료불량 등의 원인이 있다.

* 과도하게(−)값 출력 시: 공기량센서 불량, 인젝터 누설, 연료압력, 불량연료, 흡입저항과대 등의 원인이 있다.

b. 기본 점검항목과 견적서항목 소개

스캔데이터 및 고장코드 확인, LPI연료필터 교환, 연료압력 점검, 연료펌프 교환, 연료압력 조절밸브 점검 및 클리닝, LPI연료필터 어셈블리 교환, 인젝터 누설테스트, 인젝터 탈·부착 테스트, 초음파클리닝, 흡기연소실 장비클리닝 시공, LPI인젝터 클리닝(장비사용 클리닝), 연료펌프 점검 교환.

봄베(탱크) 모습

연료펌프 탈거된 모습

연료탱크내부 연료 모습

LPI연료펌프 교체작업

LPI연료필터 탈거

LPI연료필터 신·구 비교

인젝터누설테스트·장비클리닝

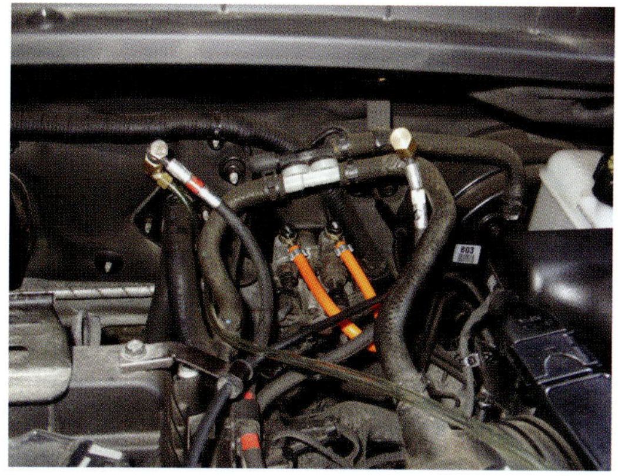

장비어댑터 장착 모습

4 1 4 　가솔린 엔진

a. 기본 점검항목과 견적서 항목 소개

연료라인 및 인젝터클리닝(기본, 탈거, 장비사용), 연료필터, 연료모터 압력(소모전류)테스트, 연료압력조절기 누설진단 및 테스트, 엔진접지 개선, 타이밍확인(크랭크, 캠축 핀), PCSV– 증발가스재순환 솔레노이드 밸브(체크 밸브)점검 및 교환, 흡•배기 및 연소실클리닝, 엔진파워 튠업 작업, 엔진파워밸런스개선 작업, 흡•배기밸브 밀착개선, 연소실클리닝 및 탑링(압축)복원, 플러그탈거 홀시공 클리닝 작업, 흡기•연소실장비클리닝(1h), 정밀압축압력 테스트(기통 간 압축밸런스 테스트), 흡기누설 테스트 및 누설수리(흡기가스켓 포함), 세미플러싱, 엔진 오일라인 플러싱(탑엔진클리너, 레스루스플러싱), 엔진오일 장비순환식 플러싱(0.5h), 토탈헤드플러싱, 엔진 씰–복원제 시공, 압축복원제 시공, 엔진 나노메탈복원제 시공(금속코팅제), 냉간 시 마모방지제(오일마그넷) 시공, 점화코일 성능테스트 및 교환(전원측 튜닝), 산소(O2)센서활성화 테스트(필요시 히팅타입 개조), AFS점검·성능테스트 및 클리닝, TPS, 공회전스위치ON•OFF 점검 및 조정, 흡입호스균열•파손 확인, ECU제어·컨넥터 수분유입 및 접촉불량 확인, EGR밸브 탈•부착 점검 및 클리닝, 냉각수온센서 성능테스트 및 교환, ISC모터 탈·부착 및 클리닝, 스캔데이터 및 고장코드 확인, 삼원촉매장치 점검 및 클리닝, 엔진 오일라인 플러싱(1,2단계), 정전압 안정화시스템 장착(접지개선), 접지선 확인, 각종 센서교체및 세척시 스캐너 초기화 작업.

b. ISC의 역할: 시동 시 제어, 패스트아이들 기능, 엔진 공회전속도 제어, 아이들업 기능, 대쉬포트 기능

c. ETS(electronic throttle system: 전자식스로틀시스템)

엔진ECU는 APS2등 각종 입력신호를 연산하여 T–VALVE의 개도 목표 값을 결정 ETS ECU에 전송하여 ETS모터를 구동하여 엔진ECU로부터 전송받은 목표 값에 추종토록T–VALVE를 제어하며 엔진 ECU와 ETS ECU는 TPS1, TPS2를 통해 T–VALVE 제어를 감시하여 목표 값과 실행 값이 상이하거나 제어에 결함이 검출될 경우 림폼밸브(Limp Home Valve)를 구동하여 비상 운행이 가능하도록 한다.

* 모터 초기화 위치학습방법(TPS전폐, 전개학습)
  – 배터리 (–)터미널을 10초간 떼었다 연결한다.
  – KEY ON 10초간방치 후 KEY OFF에서 KEY ON 1초 후 KEY OFF 10초간 방치(플랩 열렸다 닫힘)
  – 재 차 KEY ON 시 초기화 완료
  – KEY ON 풀 액셀 시 TPS 값 488–527mmv, 아이들 S/W 확인

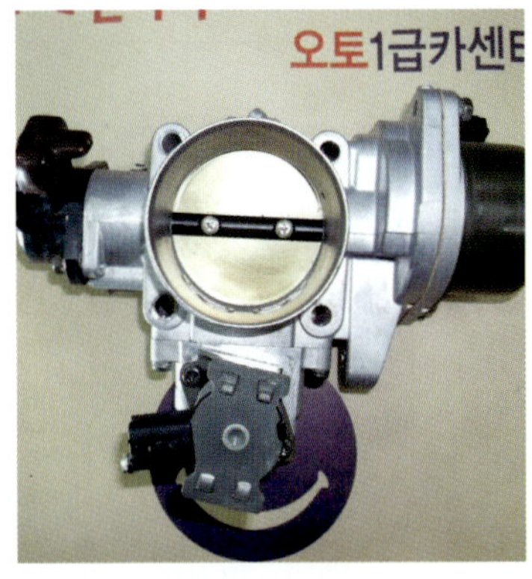

ETS 스로틀바디

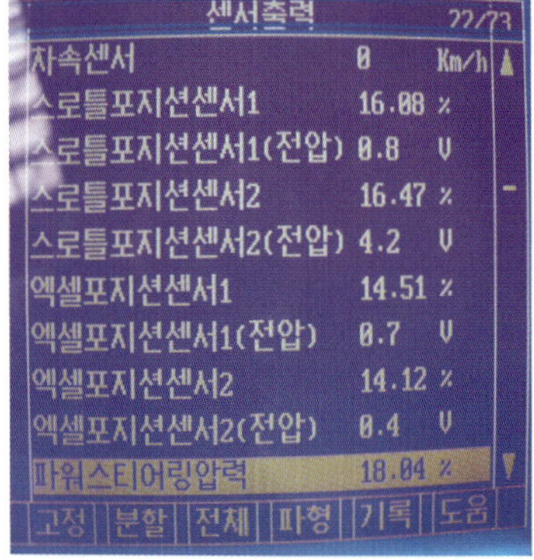

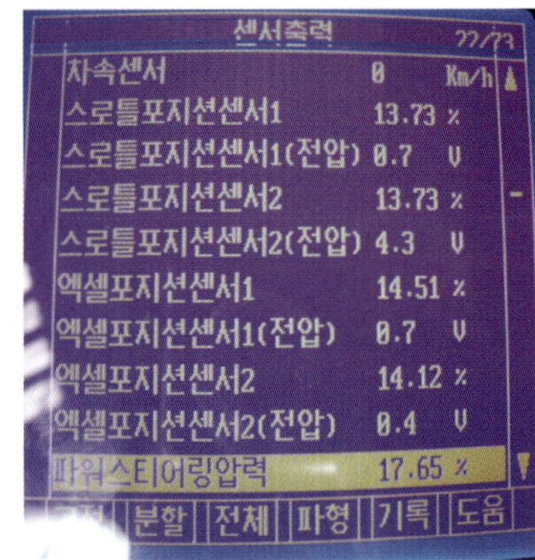

흡기클리닝 전 후 스캔데이터 비교

4 1 5 GDI 엔진

a. GDI(Gasoline Direct Injection)엔진의 특징

연소실내에 고압의 연료를 직접분사하여 연소시킴으로서 성능향상, 연비개선, 배기가스 저감을 동시에 실현한 엔진이다.

연료를 연소실에 직접분사하면 증발잠열에 의해 흡기온도가 떨어지므로 흡입공기의 밀도가 높아진다. 이때, 흡기냉각효과에 따른 충전효율이 향상되어 전 영역에서 토크를 증대할 수 있고 노크특성 개선에 의한 저속성능 또한 증대되었다.

차량 연비측면으로는 연료를 연소실에 직접분사해서 연소실온도를 낮추어 노크여유가 생겨 압축비를 높일 수 있어 연비를 개선하였다. 또한, 성능증대에 따른 연비형기어비를 적용하였으며 시동 할 때는 연료와 공기의 성층화현상과 다단분사를 이용하여 연비를 개선하였다.

배기가스를 줄이기 위해 시동직후 분할분사와 점화시기를 지각제어로 배기온도를 빠르게 높여 촉매활성화시간을 단축시켰다.

b. 연료장치 흐름도

연료탱크→저압펌프(4.5bar)→고압펌프(내의 연료압력조절기는 ECU에 의해 피드백제어)→연료레일(연료압력센서FPS,)→고압인젝터(6홀)

c. 고압펌프(감마1.6 GDI엔진)

배기캠샤프트회전에 의해 고압펌프피스톤은 상하운동을 한다. 40bar(공회전)∼150bar(6,300rpm), 90∼100bar(1,500rpm)

d. 엔진속도에 따른 연료압력 및 연료압력조절기(FPR: Fuel pressure regulator)제어

* 감마–1.6 GDI엔진
  공회전 시: 실제연료압력: 40bar, 목표연료압력: 40bar
        FPR닫힘각: 26.5DEG, FPR열림각: 36.0DEG
  스톨 시: 실제연료압력: 150bar, 목표연료압력: 150bar

FPR닫힘각: 68.5DEG, FPR열림각: −19.1DEG

* 세타−2.4 GDI엔진
  공회전 시: 실제연료압력: 42.7bar, 목표연료압력: 42.7bar
     FPR닫힘각: 29.2'CRK, FPR열림각: 4.0'CRK
  가속 시: 실제연료압력: 119.3bar, 목표연료압력: 119.3bar
     FPR닫힘각: 79.4'CRK, FPR열림각: 32.2'CRK

e. 세타−2.4 GDI엔진과 세타−2.4MPI엔진의 비교
  압축비: 11.3(MPI: 10.5), 최고출력(ps): 201(MPI: 180)
  최고토크(kgf.m): 25.7(MPI: 23.5), 연료압력(bar):4.5~135(MPI: 3.5)

4-2 하체, 서스펜션 계통

4 2 1 조향 서스펜션(승차감, 소음) 및 하체계통 점검 부위

로어암, 로어암 볼, 어퍼암, 활대링크, 활대반도고무, 쇽업소버 마운트고무(베어링), 쇽업소버(스프링), 등속조인트(볼트포함), 브레이크캘리퍼 유격, 너클부싱, 크로스멤버부싱, 본넷 유격확인, 본넷 및 쇽업소버 떨림, 휠 캡 소음, 스티어링 기어 브라켓, 부싱, 볼 조인트, 차체의 스폿용접 부위 갈라짐, 공차 체결, 서브프레임부싱 손상, 휠얼라인먼트 점검 및 교정.

4 2 2 조향 서스펜션(승차감, 소음) 및 하체계통 점검 부위

쇽업소버 스프링, 활대교환, 후 튜닝보조스프링 장착, 스트럿바 장착, 우레탄부싱 장착.

◆쇽업소버 및 마운트 손상◆

쇽업소버 누유모습

쇽업소버 마운트 손상모습

쇽업소버 마운트 신·구품 비교

◆리어 너클부싱 손상◆

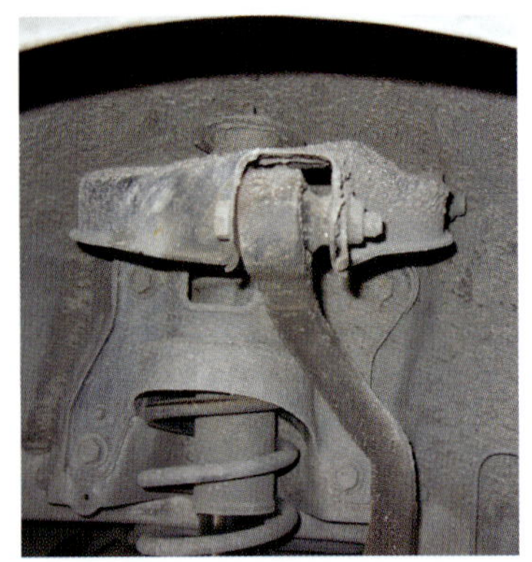

부싱손상으로 간섭발생

부싱탈거 신·구품 비교

신품 장착모습

◆하체충격으로 인한 멤버 변형◆

충격으로 변형된 멤버

정상적인 멤버모습

프런트멤버 교체모습

◆튜닝보강스프링 장착◆

보강스프링 장착(전)

튜닝보강스프링 모습

보강스프링 장착 (후)

◆크로스멤버 부싱교체◆

손상된 멤버부싱 모습

탈거용 특수공구 장착

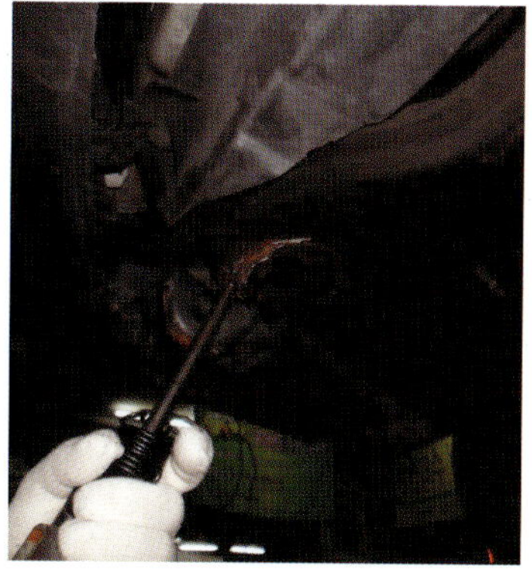

멤버부싱 탈거모습

◆전용장비를 사용한 멤버부싱 교체작업◆

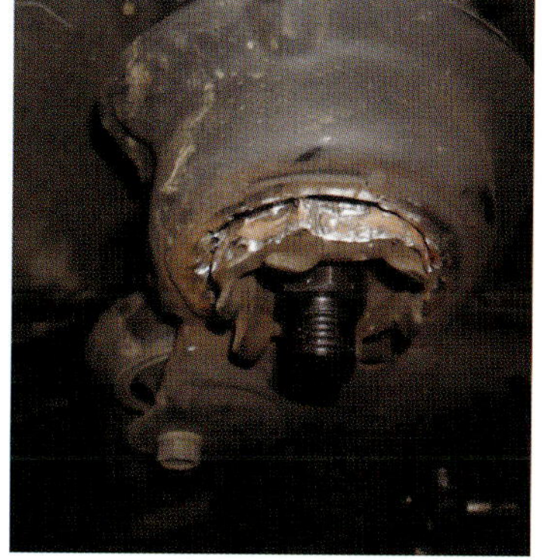

4-3 브레이크오일

DOT(US Department of Transportation-미국 운수성 브레이크액의 품질안전등급 제정)

4 3 1 브레이크액의 특성

a. 고온에서 끓지 않아야 함
b. 저·고온에서 일정한 점도유지(작은 오리피스구멍에 자유로운 이동)
c. 압축이 되어서는 안 됨
d. 시스템 내의 금속부식, 반응금지
e. 금속, 고무류에 윤활성 필요
f. 장기간 사용 시 화학적 안정성 유지
g. 타 브레이크액과 혼합 사용가능
h. 검·슬러지 생성억제력

4 3 2 패드의 마찰열은 723℃까지 상승된다.

* DOT3(205℃)보다 고급차용인 DOT4(230℃)는 수분흡수속도가 늦고 끓는점이 높다

4 3 3 패드의 마찰열은 723℃까지 상승된다.

* 오염된 수분은 알루미늄 옥사이드 생성으로 브레이크시스템의 실린더표면등 주로 알루미늄 금속 성분을 부식시켜 브레이크
  액의 누설을 발생시킨다.
* 녹 발생으로 인한 고무 부품류 손상, 변형, 노화는 물론, ABS모듈 내부의 플런저고착으로 인한 고장을 일으킨다.
* 약 3%의 수분이 발생 시 끓는점을 약 25%떨어뜨린다.
* 공기 중의 습기유입 우려가 있으므로 신품액 개봉 후에는 모두 사용한다.
* 브레이크액 교환주기: 2년 또는 4만km주기로 교환을 권장한다.

고급프리미엄 라이닝 교환

캘리퍼 누유로 교환

디스크연마 작업

디스크연마(전)

디스크 연마 전·후 비교

디스크연마(후)

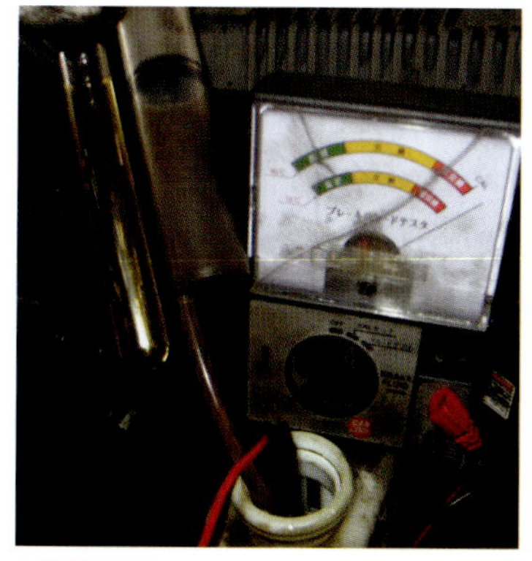

브레이크오일 오염, 수분점검1

브레이크오일 오염, 수분점검2

신품 브레이크오일 준비

ABS모듈 유압라인 막힘 확인

마스터실린더 오염상태

리저버탱크 오염상태

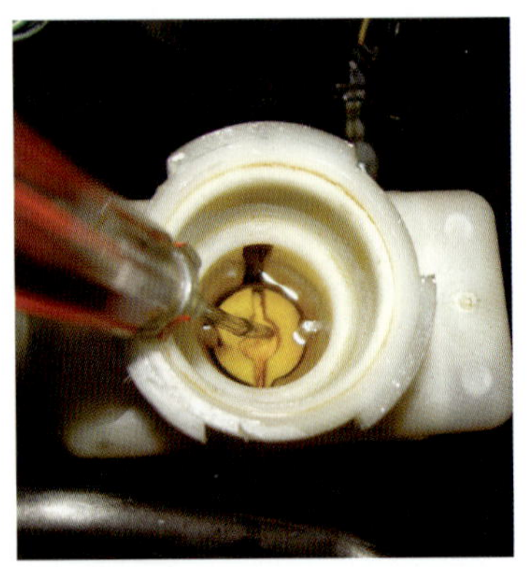

브레이크오일 교환 후

브레이크오일 정상 수분함유량

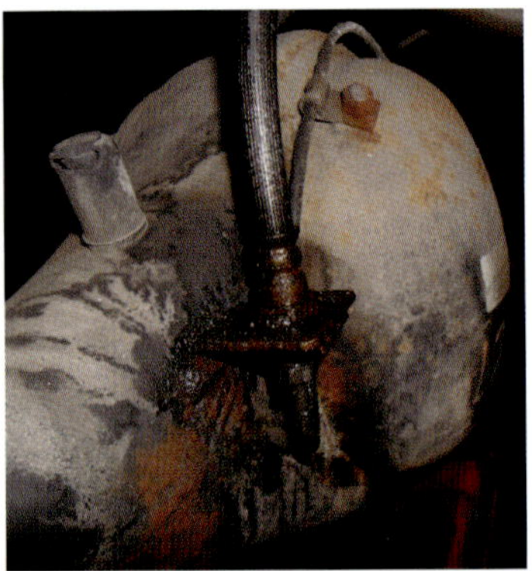

브레이크오일 누유모습

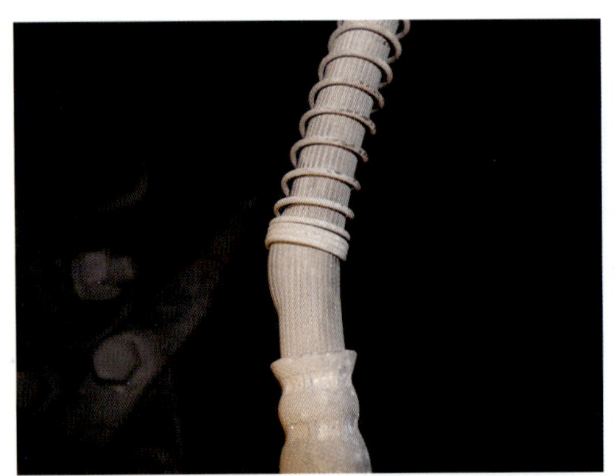

브레이크유압호스 부풀음 불량

신품 브레이크유압호스

4-4 윤활유

a. 일반윤활유: 불순물이 포함되어있는 광유계 기유를 주원료로(90%이상) 사용하며 고온에서 타버리거나 산화되고 저온에서 쉽게 굳어지는 왁스계 성분 때문에 냉간 시동시 엔진 손상을 초래할 수 있다.
 − 사용온도한계: −20~130℃, −산화안정성: 1700분, − 슬러지발생: 128시간.

b. 합성윤활유: 원유 정제 후 추가화학 공정을 거쳐 불순물이 없고 분자구조가 일정한 PAO 합성 기유를 사용하여 뜨거운 고온에서는 물론, 혹한의 추위에서도 유동성을 유지 저온 시동시 마모손상을 예방한다.
 − 사용온도한계: −45~180℃, −산화안정성: 700분, −슬러지발생:256시간.

c. 산화안정성: 윤활유의 사용 중 산화에 의한 슬러지생성과 오일의 열화에 대한 안정성을 평가하는 시험이다.

d. 증발(휘발)량 측정: 250℃ 1시간기준에서 전단안정성, 고온·고 전단 하에서 엔진오일의 점도, 영구전단여부, 유막 보호성 시험이다.

기능성 합성유 권장

미국에서 나오는 파라핀계 원유는 주로 파라핀계 탄화수소가 주성분이며 고급중질유분을 많이 함유하고 있어 고급윤활유 등을 만드는데 많이 사용한다. 텍사스나 베네수엘라 등의 중앙 아메리카에서 생산되는 나프텐계 원유는 나프텐계 탄화수소가 주성분을 이루며 가솔린으로 사용하면 비교적 옥탄가가 높은 고급연료유 원료를 만드는 원료를 많이 함유하고 있다. 또한, 아스팔트분이 많아 아스팔트원유라 부르기도 한다.

그러나 중동에서 생산되는 원유는 이상의 파라핀계와 나프텐계의 원유가 고루 섞여있는 원유로서 우리나라가 주로 수입하는 원유이기도 하다. 그 외에도 동남 아시아산 원유는 방향족성분을 많이 함유하고 있는 원유이기도 하다.

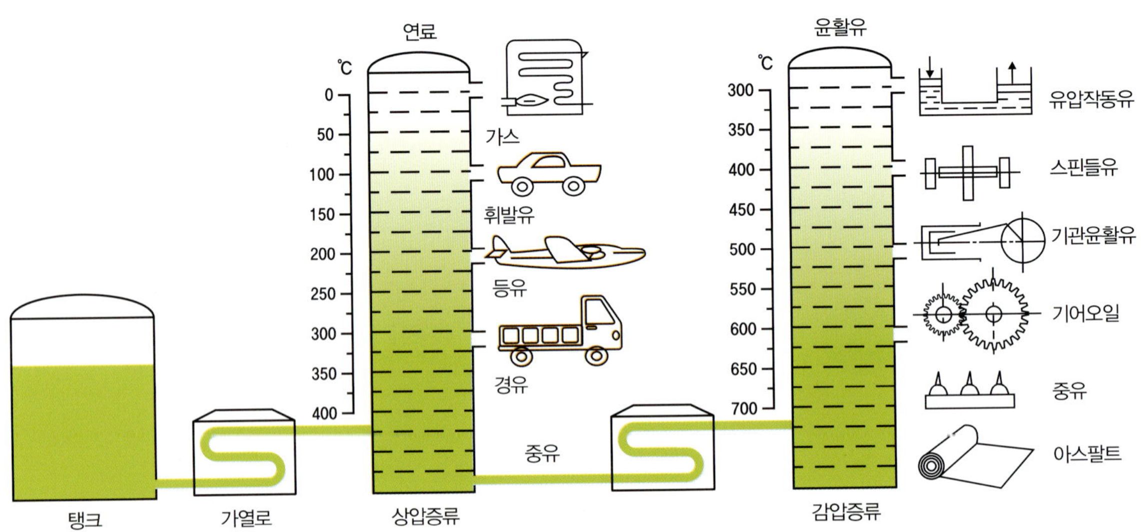

증류공정의 개략도

그러나 중동에서 생산되는 원유는 이상의 파라핀계와 나프텐계의 원유가 고루 섞여있는 원유로서 우리나라가 주로 수입하는 원유이기도 하다. 그 외에도 동남 아시아산 원유는 방향족성분을 많이 함유하고 있는 원유이기도 하다.

a. 오일의 구성

엔진오일이든 미션오일이든 모두 기유와 첨가제로 구성되어 있다.

기유는 오일자체의 주성분으로 70%~90%차지하며 첨가제는 10%~30%차지한다.

b. 합성유의 정의

합성유란 기유부분이 합성기유로 되어 있는 것을 합성유라 한다.

합성기유는 전 세계적으로 통용되는 기유표가 있으며 이를 토대로 알 수 있다.

합성기유는 PAO, ESTER 등 이며 두 가지를 서로 혼합해서 사용하기도 한다.

c. 합성유의 장점

일반적으로 합성유는 광유에 비해 다음과 같은 장점을 가지고 있다.

–우수한 저온유동성

–적은 고온증발손실

–우수한 열 및 산화안정성

–점도특성

–인화방지성

이와 같은 장점들로 인하여 특수 목적에 사용되는 장비에는 대부분 합성유가 사용되고 있다. (예: 항공기용 윤활유 등)

미국석유협회(API)는 1994년 아래와 같이 기유분류기준을 제정했다.

광유계 기유는 황함량과 점도지수에 따라 Group I, II, III으로 나누어지며, 통상 광유계 윤활유는 Group II와 Group III에 분류되어 있는 윤활기유를 사용한다.

* Group II 윤활기유는 V.I (점도지수)가 낮아 HVI(High Viscosity Index)기유라고 하며, Group III 윤활기유는 V.I(점도지수)가 높아 VHVI(Very High Viscosity Index) 기유라고 한다. 그리고 합성계 기유는 Group IV로 별도 분류되어 있으며 PAO의 기유는 Group IV에 해당된다.

위 내용을 간단히 요약해 보면,

a. 1기유: 원유에서 뽑은 기유원료를 정제하고 사용하는 기유, 저급의 기유이다.

b. 2기유: 1기유를 재 정제해서 사용하는 기유, 대부분의 오일기유에 해당한다.

c. 3기유: VHVI(Very High Viscosity Index)라고도 부르고 각 회사마다 조금씩 다르게 부름. 2기유를 다시한번 수소첨가 개질해서 고도로 정제해서 만든 고급기유이다.

d. 4기유(PAO(Poly Alpha Olefin)): 엔진오일 성능시험 중 중요한 항목인 저온유동성, 산화안정성, 열안정성 등에서 일반광유계 기유대비 탁월한 성능을 발휘할 수 있도록 화학분자구조를 인위적으로 합성하여 주로 항공기엔진오일 제조시 사용되는 합성기유(SyntheticBase Oil)라고 불리며 4기유부터 5기유를 합성기유라고 함. 일반적인 1기유부터 3기유 제조공정과는 전혀 다르며 원유에서 추출한 것이 아니라 천연가스 등 특수한 재료에서 특별물질을 추출, 불순물이 거의 없는 기체상태의 기유에 여러가지 화학공정에 의해 만들어지는 초고도로 정제하여 만든 자연존재 하지않는 인공기유. 세계에서 생산되는 회사도 몇 군데 안되며 기유자체가 3기유보다 몇 배 비싸므로 오일가격이 비싸다. 과학적으로 PAO가 다른 기유보다 뛰어난 성능을 나타낸다는 것은 확실하며 다만 가격이 비싸고 제조회사가 적으며 공급보다 수요가 많다.

e. 5기유: ESTER(다른것도 몇 종류 더있음)라고 흔히 불리며 인간이 만들어낼 수 있는 최고의 합성기유, PAO보다도 몇 배 비싸며 전 세계에서 만드는 회사도 거의 없으며 수량도 매우 적게 생산되며 공급보다 수요가 훨씬 많아서 항상 부족한 기유. 에스테르(Ester)란 기유는 식물에서 나오는 기름을 추출하여 만들어진다.

어떤 오일보다 내구성, 단열성, 열을 버텨내는 능력, 슬러지 억제효과가 가장 뛰어나다.

약간의 휘발성을 띄는 특징으로 열에 의한 증발이 있다.

에스테르가 나온지는 오래되었으나(1980년대) 식물에게서 추출되어지는 양이 많지 않아 항공기, 우주선등 극악의 환경조건에 이용되어지는 기계장치에 사용되었으나 최근에는 그 우수성이 입증되고 많이 상용화되어 자동차에도 쓰이고 있다. 이러한 제품들은 오일사용만으로 토크나 마력 상승 등을 꾀할 수 있다. 가격이 너무 고가인 점만 빼고는 최고의 능력을 발휘하는 기유이다.

점도는 오일의 끈끈한 정도 또는 오일의 점성, 오일이 얼마나 농도가 짙은가를 나타내는 전 세계적인 약속기호이다. 점도가 높을수록 농도가 짙고 점도가 낮을수록 농도가 옅다.

예를 들어 밀가루 반죽이라고 생각하고 물이 적게 들어가 농도가 짙어지면 점도가 높다고 이해하면 된다.

전 세계적으로 점도를 나타내는 수치는 정해져있다.

5w30을 예로 들어보자.

위의 수치를 세 가지로 나눌 수가 있다.

첫째 앞의 숫자5는 저온(냉간 시)에서의 점성을 수치화.

둘째 뒤의 숫자30은 100℃에서의 점성을 수치화 한 것이고,

셋째 가운데 문자w는 winter의 약자로 저온유동성, 냉간시의 시동성을 나타낸다.

즉, 앞의 숫자5w는 겨울철에 사용할 수 있는 온도를 나타낸다. 식용유를 냉동고에 나두면 점점 고체화되며 흐르지 않게된다.

마찬가지로 엔진오일도 겨울철 영하온도가 되면 점점 고체화되어 흐르지 않게 된다.

이때, 최대한 견디며 엔진오일이 흐를 수 있는 온도를 나타내는 것이 5w이다. 전문적으로 간단하게 알아보면 5w는 영하-25도에서 3500cp를 나타낸다.

이정도 온도에서도 충분히 견디며 흐를 수 있다는 것이다.

다른 예로 10w는 -20도에서 3500cp를 나타낸다. 5w와 10w가 -5도 차이가 나는 것을 알 수가있다.

마지막으로 뒤의 점도30은 100℃되는 온도에서 얼마나 점도를 형성하는가를 나타내는 수치다.

간단하게 알아보면 30은 9.3~12.5cst를 가지며 40은 12.5~16.3cst를 나타낸다.

〈참고〉

　점도인cp(센터포이즈)를 동점도인cst(센터스토크)으로 변환하려면, 비중(밀도)으로 나누어야한다.

　동점도 = 점도 / 밀도

　1cst = 1cP / (밀도) g/

　밀도가 1g/인 경우는 1cp가 1cst가 된다.

　밀도가 0.8g/이고 점도가 0.1cp인경우라면 다음과 같이 계산한다.

　0.1cp ÷ 0.8g/= 0.125cst

뒤의 숫자가 높을수록 고온에서 오일의유막이 두껍다는 것이다. 고온에서 유막이 두꺼우면 얇은 것보다 금속이 마모되는 것을 더 잘 방지해준다.

단, 점도는 물리적인 수치일뿐 지속적으로 점도를 유지시켜주는 척도는 아니다. 점도를 지속적으로 유지시켜주는 척도는 따로있으며 이를 점도지수(Viscosity Idex)라고 한다.

합성유와 광유의 근본적인 차이점이 점도지수의 차이점이며 점도지수가 높은 오일 즉, 합성유가 고온에서 더욱 잘 견디는 것이다. 점도지수는 기유로도 높일 수 있으며 첨가제로도 높일 수 있다. 기유로 점도지수를 높이는 것이 엔진오일에 더 안정적이다.

4 4 5 　오일의 기본상식

a. 오일이 SAE점도나 API품질등급이 같으면 모든 브랜드오일의 성능은 같은가?

특수한 설계 또는 사용조건의 경우를 제외하고는 API품질등급과 SAE점도가 같다면 성능은 같은 범위내에 있다고 보면된다. 사용하는 기유나 첨가제의 배합기술에 따라 다소 차이는 나게된다.

b. 시험항목과 오일의 품질 기준은?

합격치의 최저치가 있기 때문에 기준치에 충분한 여유를 가지고 합격한 오일이 있는반면 한계치에 가까스로 합격되는 오일도 있다. 그러나 둘 다 같은 규격으로 표시되기 때문에 합격기준치를 크게 상회하는 오일일수록 고성능인 것은 당연하다. 오일제조업체는 이점을 실증하기 위하여 시험기간을 2배 또는 3배로 하여 실험한다고 잘 알려져 있다.

SAE점도에는 점도번호 등에 일정의 폭으로 점도를 정하므로 메이커의 제조규격에도 그 폭이 있다. 따라서, 동일점도 번호가 표시 되어있어도 오일에는 꽤 점도가 높거나 낮아서 차이가 많이 나는 것도 있다.

이로 인해 가격적인 면에서도 첨가제의 첨가비율과 연구비, 제조비, 판매이익, 브랜드에 따라 차이가 난다.

결국, 브랜드나 메이커가 다르면 점도에도 차이가 나는 것이다.

c. 터보차에는 반드시 터보용 오일을 사용해야 하는가?

터보오일이라는 것은 특별히 없다. 터보(과급기)에 요구되는 성능은 고온에서도 산화가 잘 되지 않는 열안정성과 고온에서 실린더 및 피스톤링의 내마모성이 우수하여야 하며 점도를 유지하여야 한다. 터보축은 높은 열을 받기 때문에 내열성과 내마모성은 특히 우수해야한다.

가솔린엔진의 경우 SG급이상은 필수이며, 가능하면 SM급의 최상급이상을 쓰는 것이 좋으며 점도는 5W30 및 10W30이나 고급용으로 10W40을 사용하면 적당하다.

20W50과 같은 고점도 오일을 사용하는 경우는 터보를 사용치 말고 팬이 한번 돌아갈 정도로 충분히 웜업 후에 터보를 가동하는 것이 안전하다(냉간시 급가속을 하지 말 것). 시동시에 충분한 오일이 공급되지 않아 문제가 발생할 경우가 많으니 조심해야한다.

디젤용 오일의 API CE, CF-4규격에는 터보엔진을 사용하는 시험항목이 규정되어있어 터보에 따르는 열부하 대책오일인 것을 알 수가 있다. 결국 CE급 이상의 오일은 터보사용이 가능하다.

터보오일의 품질과 함께 필요한 것은 엔진정지 전의 아이들링(후열)이다. 엔진의 급정지는 터보 베어링과 씰의 소손원인이 된다. 이것을 피하기 위하여 터보타이머를 부착한 차량도 있지만 그렇지 않다면 시동을 끄기 전 최소 2분정도는 아이들링을 하는 것이 좋다. 자동차메이커는 터보가 탑재된 차에는 엔진오일의 조기교환을 권장하고 있다.

d. 오일을 자주 교환하여준다면 저 품질 오일을 사용해도 좋지 않을까?

오일품질차이는 엔진의 마모와 오염, 방청 및 타서 눌러 붙는 정도 등으로 표시할 수가 있다. 이런 현상이 천천히 일어나면 좋은 오일이고, 빨리 진행되면 저 품질 오일로 분류가 되는데 통상 주행거리와 비례한다. 만약 사용조건이 가혹하면 그 가혹한 조건이 이런 현상을 가속화시킨다.

저 품질 오일은 자주 교환하여도 그의 누적마모는 고성능 오일을 긴 주행거리 후 교환하는 것보다 많아지게 된다. 그래서 고성능오일을 적절한 시기에 교환하는 것이 엔진의 부담을 줄여 주게 되는 것이다.

e. 사용 중 오일은 감소한다. 그 이유는 무엇일까?

엔진의 실린더벽에 공급되는 오일은 대부분이 피스톤링의 오일링에 의하여 제거된다. 연소행정에서 피스톤링이 하사점으로 향하는 동안 실린더벽에 남아있는 오일은 연료가 연소하는 사이의 고열에 의하여 증발하기도 하고 연료와 함께 타기도 한다. 이런 이유들로 엔진오일은 감소하게 되어있다. 오일의 연소량은 실린더벽에 붙어있는 오일의 양에 관계되어있고 그 양은 오일의 점도, 사용기유의 종류, 피스톤링과 실린더간격의 크기 오일링의 형상과 링의 구조 등 다양한 요소에 의하여 영향을 받는다.

– 블로바이가스는 크랭크케이스내의 엔진오일과 희석되어 점도를 떨어뜨리며 오일의 소모를 가속시킨다.

– 저 품질의 오일을 사용하거나 오일교환이 부적절할수록 밸브가이드가 빠르게 마모되고, 오일점도가 쉽게 저하되어 오일이 실린더벽에 유입되기 쉬워진다.

– 엔진의 각종 씰 등의 오랜 사용으로인한 경화로 엔진의 외부로 유출 또는 내부로 소모되기도 한다.

f. 오일에 의해 연비가 달라지는가?

오일의 점도에 의해서 연비는 달라진다. 점도는 오일의 내부저항으로 작용하면서 저점도일수록 엔진의 섭동부분의 저항과 파워손실이 적어진다.

엔진에 따라 다르지만 SAE점도 번호가 한 단계 변화 될 때, 연비가 1~2%정도 변화된다.

g. 오일통 뒷면에 API SM·CF나 ILSAC GF-4 등의 표기는 무엇을 뜻하는가?

API(American Petroleum Institute)란 미국석유협회를 뜻하며 그 뒤에 붙는 알파벳기호는 오일의 등급과 사용구분을 표기 한 것으로 SM에서 S는 service(승용차량을 뜻함)의 약자로 가솔린용 이라는 것을 뜻하고 그 뒤는 오일의 등급을 알파벳화해 표기한 것으로 알파벳순서로 나갈수록 고성능(예:SN)이란 뜻이다. CF도 그렇게 다르지는 않다. CF에서 C는 Commmerical(상업용 차량을 뜻함)의 약자로 디젤차량을 일컫는다. 그 뒤도 고성능으로 갈수록 알파벳의 순서가 높고 숫자가 함께 첨가되기도 한다.

CF-4는 아주 간단히 생각해 CF등급 중에서도 세부적으로 등급을 구분했다고 보면된다.

ILSAC(International Lubricant Standardization and Approval Committee)는 국제윤활유표준 및 인증기관을 뜻하며 등급을 GF-1, GF-2, GF-3, GF-4등으로 나누며 숫자가 높을수록 고효율, 고연비용 엔진오일을 뜻한다.

ACEA(Association des Constructcteurs Europeensd' Automobiles: European Automobile Manufacturers Association)는 유럽자동차제조자협회를 뜻하며 이쪽에선 분류 방법을 ACEA A1, A2, A3등으로 나눌 수 있으며 대략 ACEA A3정도는 API 규격의 SJ급과 유사한 품질등급이다.(예: DPF장착 국산차량 ACEA C3추천되고 있음)

SAE는(Society of Automotive Engineers) 미국자동차기술공학회의 약자로 엔진오일의 점도를 분류하는 10W30등의 분류등급을 사용하고 있다.

* 케미컬 활용법

누적된 슬러지를 효과적으로 제거하기 위해서는 주기적인 윤활라인 플러싱이 반드시 필요하다.

이때, 각종 씰 복원을 위해 기능성 플러싱도 권장 할만하다. 플러싱 기간은 1년 또는 15,000~30,000km주기마다 주행조건에 따라 선택할 수 있다.

* 유럽자동차 배출가스규제 기준(European emission standards)

유럽연합(EU)에서 제정하고 있는 자동차에 대한 배출가스관련 규제지침을 가리킨다.

유럽배출가스규제의 대상물질은 일산화탄소(CO), 탄화수소(HC), 질소산화물(NOx), 입자성물질(PM)이다.

규제대상은 자동차, 대형트럭, 기차, 트렉터 등 거의 모든 운송수단(원양어선, 비행기 등을 제외)이고 각기 다른 기준이 적용된다.

EURO 배출가스 규제단계

EURO 1 : 1993년 실시

EURO 2 : 1996년 실시

EURO 3 : 2000년 실시

EURO 4 : 2005년 실시

EURO 5 : 2008~09년에 걸쳐 실시

EURO 6 : 2015년 이후부터 의무 적용되고 있으며 더 강력한 규제정책이 적용된다.

1시간당 동력 1KW당 CO: 1.5g, HC: 0.13g, NOx: 0.4g, PM: 0.01g이하로 규제하며 이전에 생산되어 운영되는 자동차에 대해서는 적용되지 않는다.

기존에는 인체에 해로운 배출가스에 대하여 규제를 해왔지만, 최근에는 선진국일수록 환경보호(오존층보호)에 관심이 많기 때문에 온실가스(지구 온난화)의 원인이 되는 CO_2배출량 또한 규제가 되고 있다.

현재 우리나라에서도 그 흐름에 맞춰 자동차에 붙는 에너지소비효율등급 스티커에 CO_2배출량도 표시하고 있다.

PART.5
튠업용품 장착을 통한 성능개선

* 케미컬 성능복원 작업으로 충분히 만족할 만한 결과를 얻을 수 있겠으나 검증된 튠업 용품 추가 장착을 통해 그 한계를 넘어 더욱더 완성도 높은 엔진밸런스를 얻을 수 있다.

5-1 멀티흡기와류 용품

엔진의 구조적인 설계와 밸브오버랩 등으로 인한 흡입효율의 한계를 멀티흡기와류 용품을 통해 흡입효율을 추가적으로 극대화 할 수 있다.

흡입효율 향상을 위한 흡기클리닝 및 흡기포팅 작업

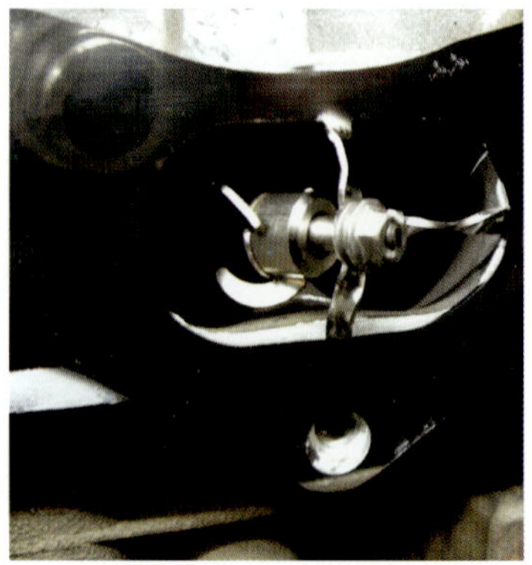

멀티흡기와류 용품 장착

멀티흡기와류 용품 장착

멀티흡기와류 용품 장착

 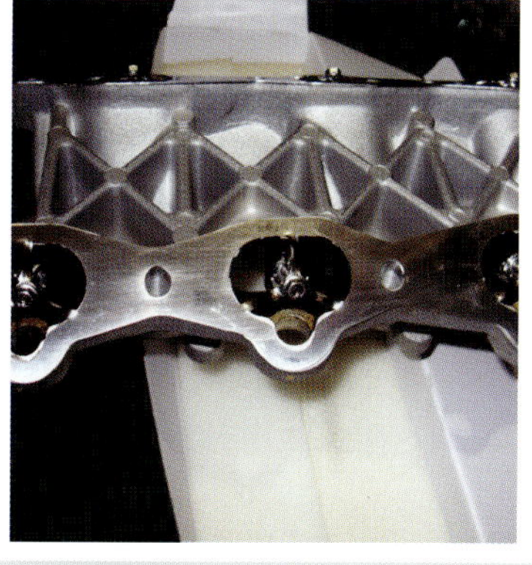 

멀티흡기와류 용품 장착

5-2 싱글흡기와류 용품

  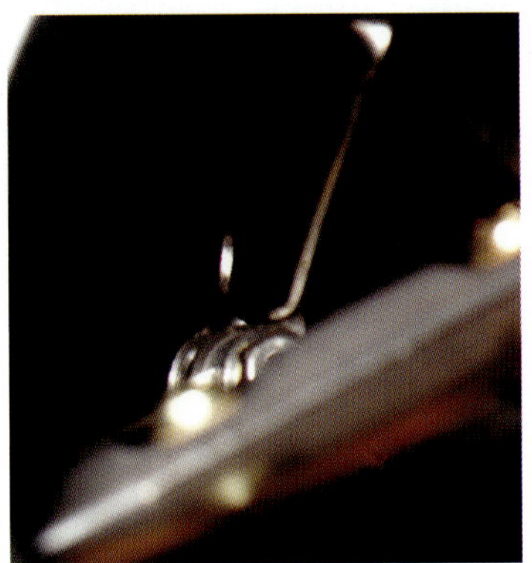

스로틀바디 후면 싱글흡기와류 용품 장착

5-3 배기장치 튜닝

5 3 1 배기가스 역류방지용품

연소가스가 원활히 배출되어야 신선한 공기를 흡입 할 연소실체적을 확보할 수 있다.
따라서, 배기효율을 함께 끌어올려야 흡입효율 향상을 극대화할 수 있다.

배기머플러 와류를 이용한 배기가스 역류방지 용품

 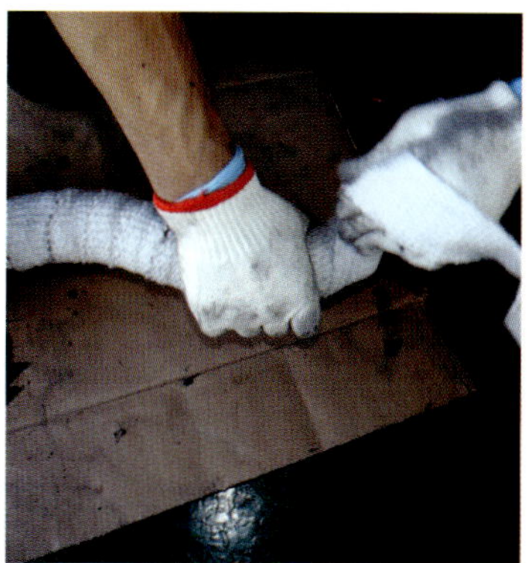 

a. 단열페인트, 테이핑 작업으로 배기관 내·외벽 온도차에 의한 열교환율 최소화로 효율증대.
b. 특히, 겨울철 주행정차중 배기관 과냉으로 인한 산소센서, 촉매, DPF성능저하를 방지한다.

5-4 튜닝용 에어클리너(순정형)

5 4 1 단위면적당 필터링효율을 충분히 유지하면서 흡입공기저항을 줄여주어 순간 가속력까지 높여준다.

5 4 2 금속망 재질을 함께 사용하여 여름철에는 흡입공기온도를 낮추고 겨울철에는 흡입공기 온도를 높여준다.

튜닝용 에어클리너(순정형) 장착 모습

5-5 액셀 보조페달

기존의 액셀페달 위에 안전문제가 없을 정도의 적당한 무게의 추를 추가로 조립한다.

액셀 링 답력 향상

5-6 접지개선, 정·전압 안정화 시스템

5 6 1 접지개선

a. 배터리(–)단자와 차체사이에 굵은 접지선을 만들어 연결한다.

b. 차체와 엔진블록 사이에 굵은 접지선을 만들어 연결한다.

c. 발전기 전원단자(충전단자)와 접지선을 굵은 선으로 만들어 연결한다.

d. 점화계통, 센서류의 전원과 접지선을 조금 더 굵은 선으로 만들어 연결한다.

* 각종 차체 접지부위는 볼트를 풀어 표면을 갈아서 금속면이 나오게 하여 재조립 후 부식 방지를 위해 페인팅 해 주는 것이 좋다.

* 전선과 단자조립, 연결부위는 부식방지를 위해 납땜을 필히해야 내구성이 확보된다.

인두기로 납땜하여 미리 제작

배터리와 차체 접지보강

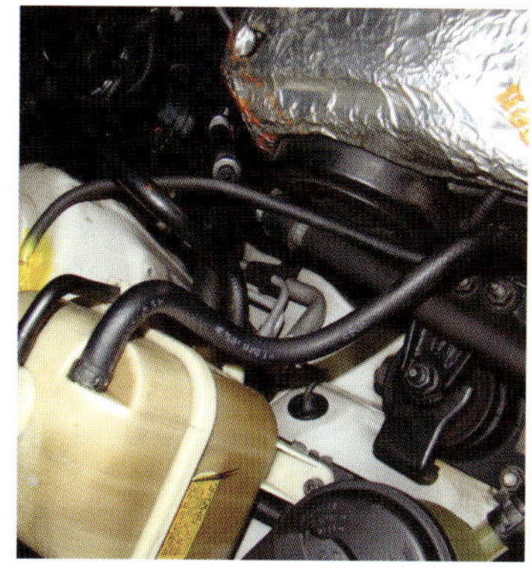

차체와 엔진블록 접지보강

5 6 2 정·전압 안정화 시스템

차량의 정·전압 공급, 접지개선을 위한 제품의 예이다.

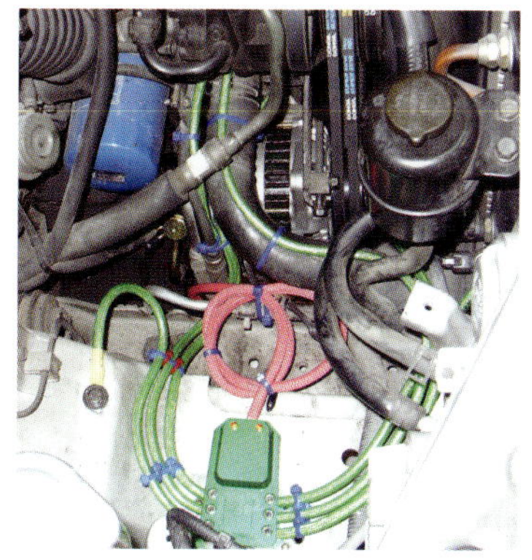

정·전압 시스템 장착

배터리세이버 장착1

배터리세이버 장착2

5 6 3 작업 전·후 전위차 측정 비교데이터

각종 센서류의 신호체계 개선, 에어컨, 헤드라이트작동 등 차량의 안정된 전류를 공급하여 ECU제어 입·출력 전압을 속이지 않아 연비향상, 파워증가, 배터리 수명연장 등에 도움을 준다.

TPS를 예를 들면 규정값이 500mV±20mV일 때 접지전위차가 20mV를 넘을 경우 ECU가 착각하여 제어하게 된다.

전기 FULL부하 전위차 측정

불량한 접지 전압

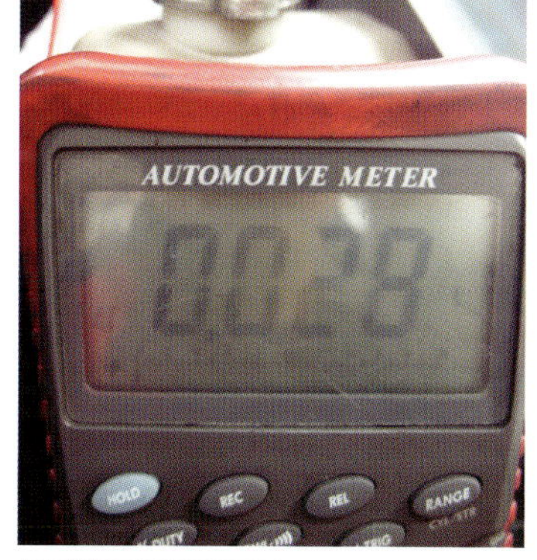

개선 후 정상(20mV전·후)

PART.6

실차 시공사례

PART. 6 실차 시공사례

6-1 엔진 정상화 및 케미컬 작업

주행거리 15만km의 싼타페-CRDI차량으로써 심한 엔진소음으로 입고되었다.
엔진오일배출시 다량의 쇳가루가 발견되어 분해진단결과 밸런스샤프트 메인베어링이 손상되어 밸런스 어셈블리 및 밸브장치교체와 오일라인 세정작업, 소모품관리, 메탈보호제 등 케미컬처방을 병행한 정비사례이다.

오일팬 내부 쇳조각

문제의 밸런스 어셈블리

기어내부 베어링 손상

오일펌프 어셈블리 교환

밸런스 어셈블리 교환

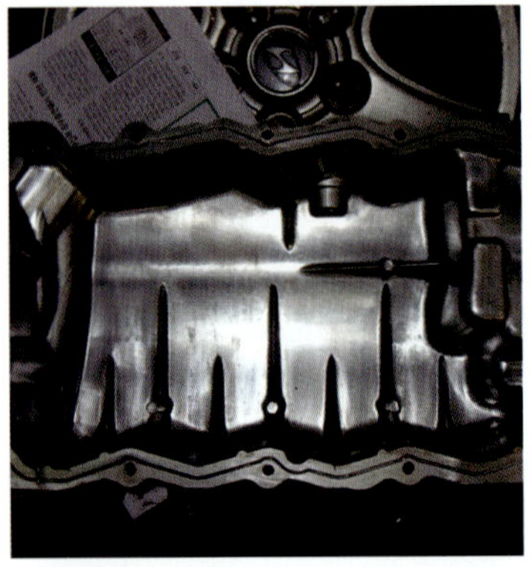
오일팬 세정

신품 장착 모습

오일스트레이너 세정(전)

오일스트레이너 세정(후)

슬라이딩 햄머로 인젝터 탈거

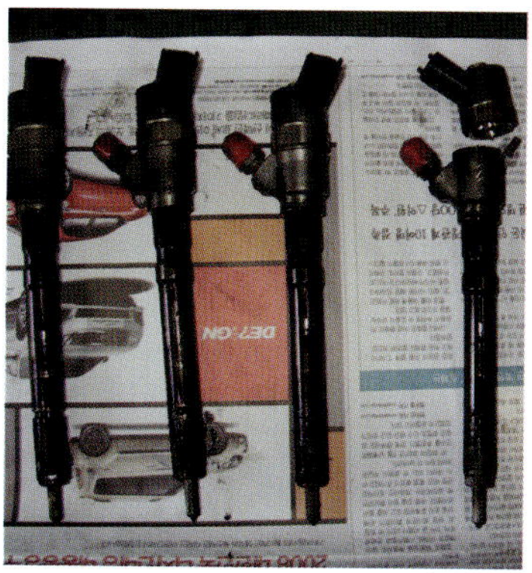

탈거된 인젝터

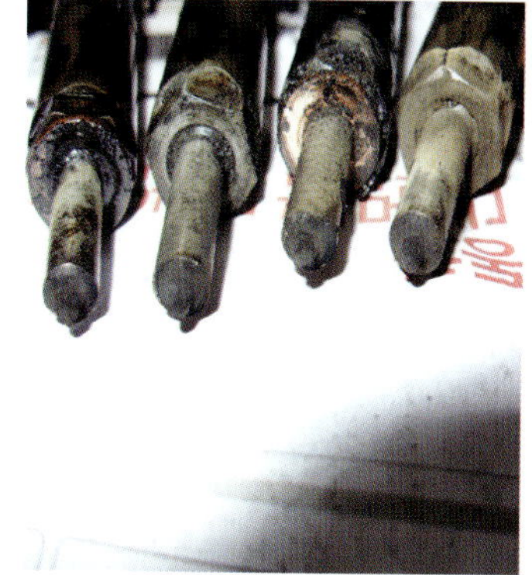

오염이 심한 인젝터노즐 모습

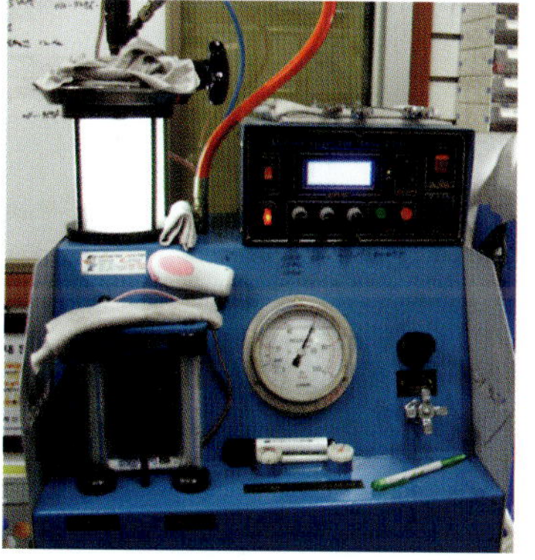

인젝터테스트 및 클리닝

인젝터 고압씰 파손 모습

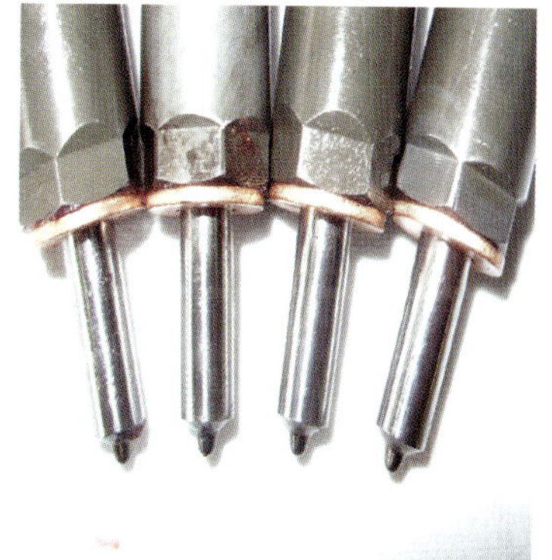

클리닝 및 수리완료

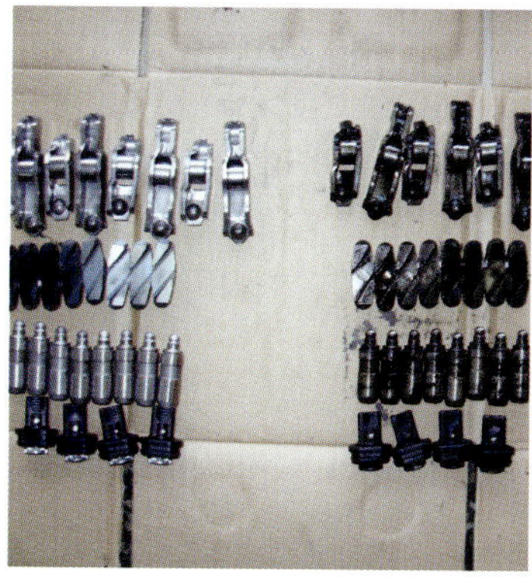

밸브장치set(신·구) 교환

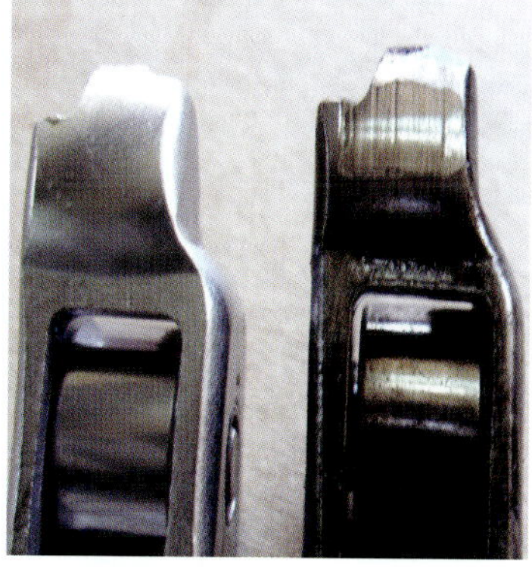

로커암(신·구) 마모 비교

손상된 밸브브릿지(구·신)

밸브장치 교환 후 모습

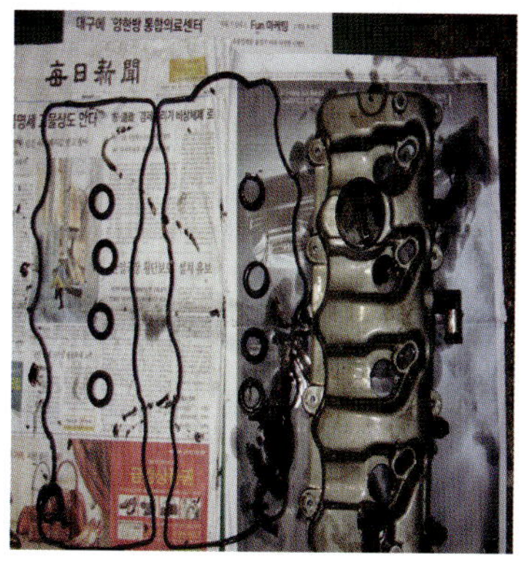

로커암커버 가스켓 교환

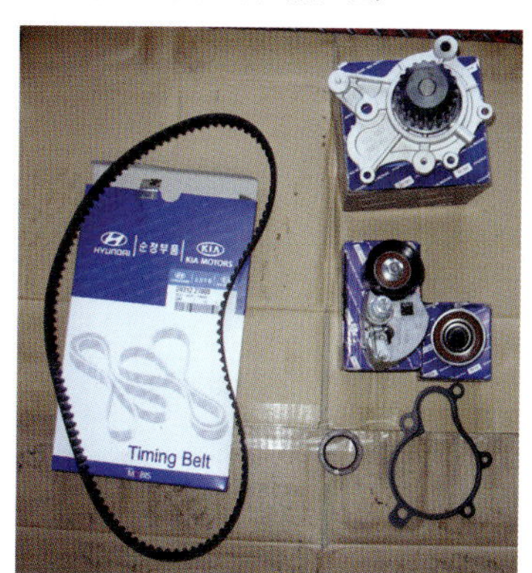

타이밍벨트set 교환

전·후 센터브라켓 교환

냉각수호스 교환

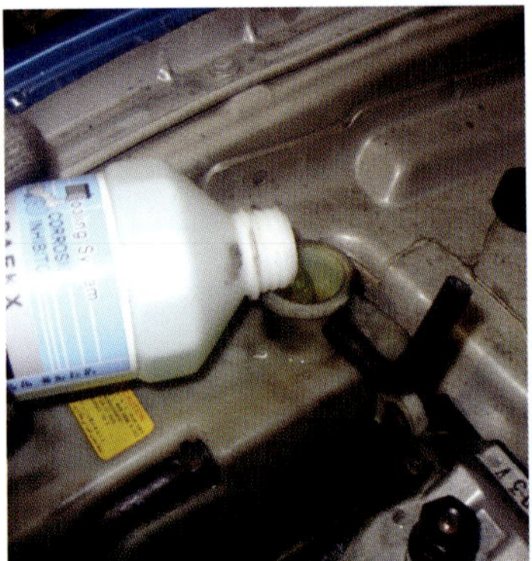

냉각성능개선제 시공

흡기오염 상태확인

1차 오염물질 제거

2차 탑엔진클리너(거품) 시공

3차 장비 흡기클리닝

장비활용 클리너 액 분사모습

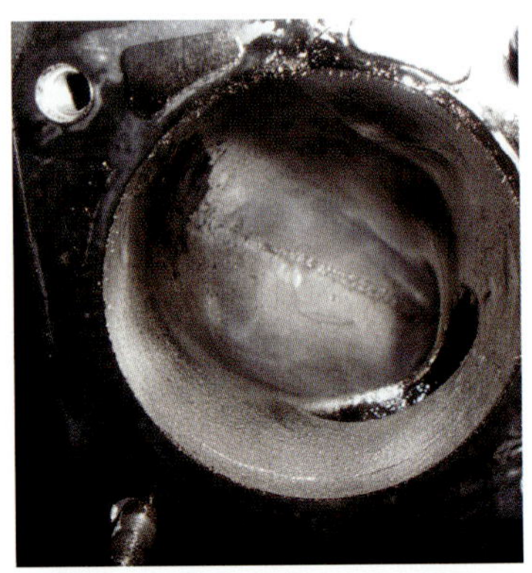

흡기클리닝 완료 후 모습

AFS전용클리너로 세척

석션으로 잔류오일 제거작업

오일필터 교환

메탈윤활보호제 시공

오토미션 오일콕 세척(전)

오토미션 오일콕 세척(후)

오토미션오일 장비순환식 교환

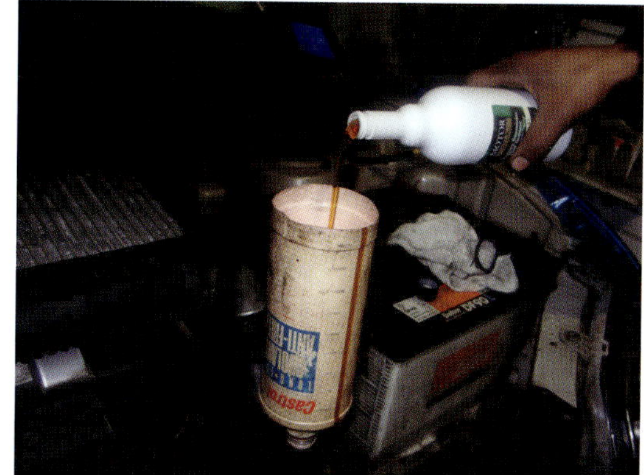

성능개선 및 마모방지제

* AFS전용클리너: 정확한 공기량 계측기능에 문제가 발생하여 연비 및 출력이 나빠지는 현상을 방지하기위해 에어플로센서 등에 쌓인 카본을 안전하고 쉽게 제거할 수 있다.

* 1,000km가량 운행 후 입고를 안내하여 엔진오일량과 오염상태를 확인하고 가능하면 엔진오일을 교환하고 메탈보호제와 나노메탈복원제 2차시공을 권장하는 것이 좋다. 점검, 정비내역서 발행 시 상기내용을 기재 작성하여 설명하고 필히 교부한다.

6-2 출력 및 연비향상을 위한 튜닝용품 장착

차량에는 특별한 문제가 없었으나 고객님의 요청으로 출력 및 연비향상을 위해 입고된 차량으로써 본 업소에서 평소 정기적인 소모품관리와 인젝터 및 에어플로센서 등의 수리가 잘 이루어진 차량인 관계로 흡·배기관련 튜닝용품 장착만으로도 고객만족을 충분히 이끌어 낼 수 있었던 사례이다.

스로틀 플랩 탈거모습

흡기매니폴드 탈거모습

매니폴드 내부오염 세척(전)

헤드 측 카본제거 모습

헤드 측 카본제거 완료모습

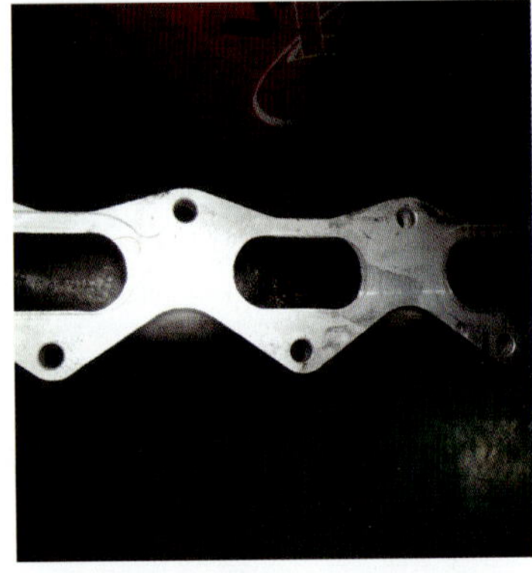

매니폴드 내부오염 세척(후)

흡기밸브 측 멀티와류 용품

배기가스 역류방지 용품

튜닝용에어클리너(순정형)

흡기 탑엔진클리너 시공

에어무화장비 시공

클리닝 완료 모습

6-3 출력개선을 위한 흡·배기 튜닝용품 장착

출력부족을 호소한 RV차량으로써 진단결과 인터쿨러 손상으로 인해 터보압력이 부족하여 해당 부품을 교체하였다. 추가로 흡·배기 튜닝용품 및 엔진 압축개선제를 이용하여 출력 및 연비를 한 단계 더 성능을 업그레이드한 사례이다.

인터쿨러 누설모습

인터쿨러 교체

인터쿨러호스 교체

흡기매니폴드 카본제거

제거 모습

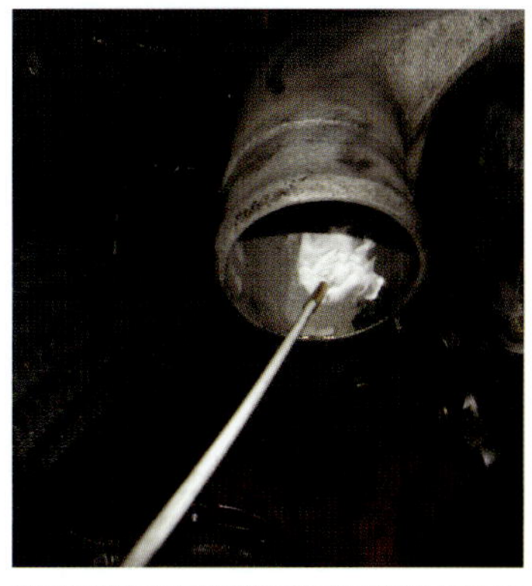

탑엔진클리너 1차 시공

전용장비 이용 2차 흡기클리닝

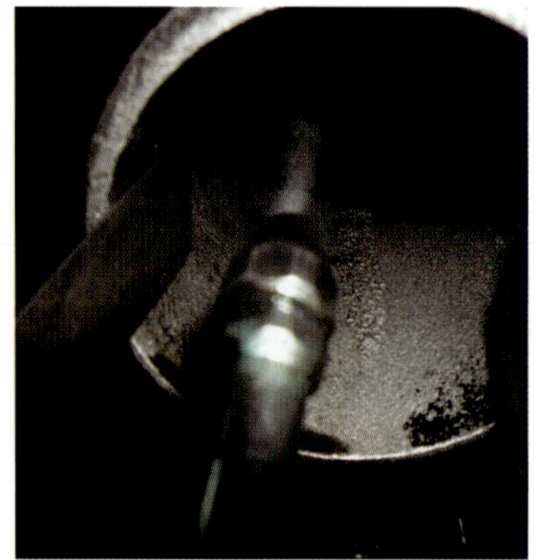

시공 모습

클리닝 완료모습

싱글흡기와류 용품 장착

배기가스 역류방지용품 장착

엔진 압축개선제 시공

6-4 튠업용품 장착 및 케미컬을 이용한 출력향상 작업

장거리운행이 많은 차량으로 평소 소모품 및 기본관리는 철저하게 하는 차량으로써 최근 들어 언덕길에서 예전 같지 않은 출력과 연비복원을 위해 흡기클리닝 및 멀티흡기와류 용품, 합성엔진오일 교환과 엔진 나노메탈복원제를 시공했다. 500km운행 후 엔진 나노메탈복원제를 2차까지 추가로 시공한 사례이다.

흡기매니폴드 탈거

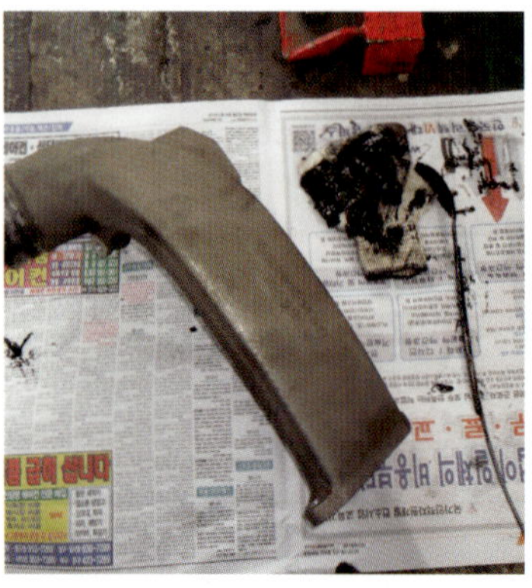

매니폴드 파이프 카본제거

매니폴드 카본제거

실린더헤드 측 카본세정

멀티흡기와류 용품 모습

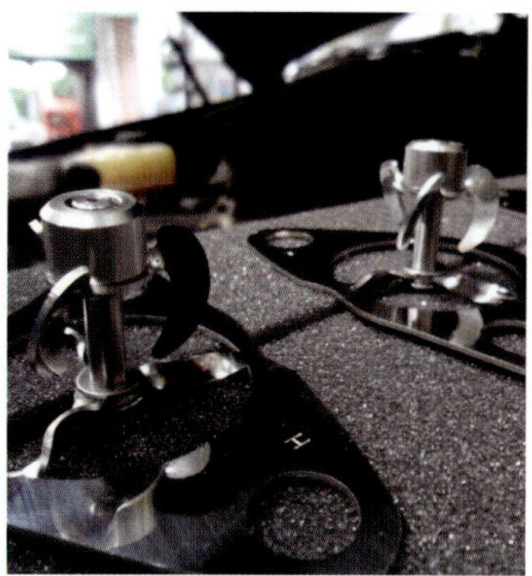

회전체 모습

멀티흡기와류 용품

장착모습

합성 엔진오일 교환

엔진 나노메탈복원제

시공모습

6-5 오토미션 간헐적 변속충격 발생

RV차량으로써 2-3단변속에서 간헐적인 충격발생으로 인해 오토미션오일 교환 전 오일라인 세정 및 씰-복원작업 선행 후 오토미션 합성유 교환과 미션 성능개선제 시공으로 변속충격을 수리 한 사례이다.

오일라인 세정 및 씰-복원제

주사기로 주입

리프팅 후 전단변속 주행시공

폐유배출 및 오일팬 탈거

오일팬 내부 쇳가루

오일필터 교환

오토미션 합성유

오토미션 성능개선제

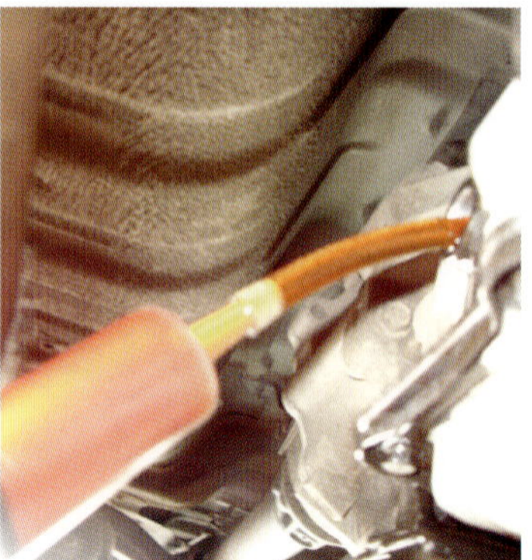

주사기로 주입

* 시공 후 충분한 시운전을 통한 엔진열을 이용하여 케미컬의 시공효과를 높일 수 있다.

6-6 엔진 정상화, 성능복원, 개선작업

LPG가스 냄새 발생과 출력부족으로 입고 된 운행거리 200,000km의 차량이다. 점검결과 믹서누설, 베이퍼라이저 1차실압력 제어불량 및 연료계통의 전반적인 노후와 성능이 저하된 차량으로서 연료계통 수리와 성능복원을 위한 케미컬작업을 함께 병행하여 시공한 사례이다.

LPG연료장치 탈거

베이퍼라이저 분해

분해 완료 부품

베이퍼라이저 내부세정

세정 완료

다이어프램 및 O-링 교환

믹서내부 세정(전)

믹서 분해모습

믹서 클리닝

믹서내부 세정(후)

ISC 클리닝

클리닝 완료

전자밸브 분해, 필터교환

액 • 기상 밸브 클리닝

오버-홀 완료

후면 1차 LPG필터 교환

필터 오염 모습

필터(구·신) 모습

흡기연소실클리너 시공

엔진파워튠업 시공

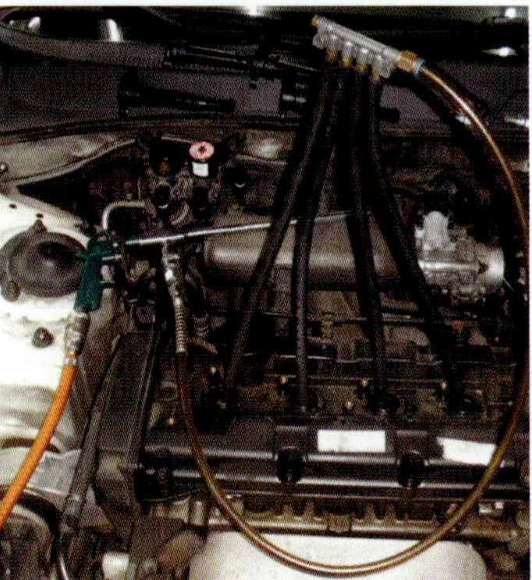

연소실 슬러지 배출

흡기계통 전용장비 추가 클리닝

시공 모습

엔진 나노메탈복원제 시공

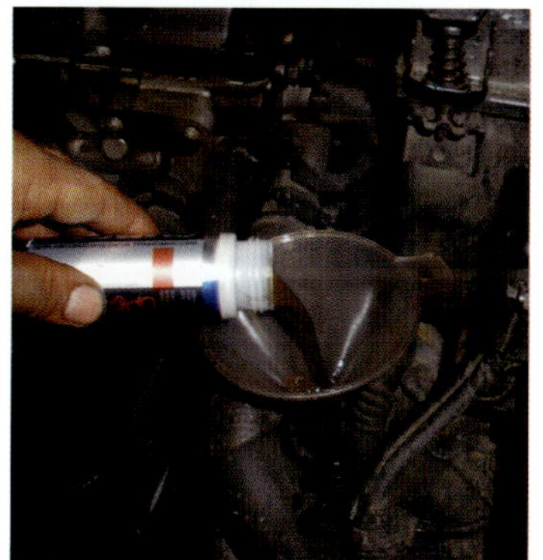

오토미션 나노메탈복원제

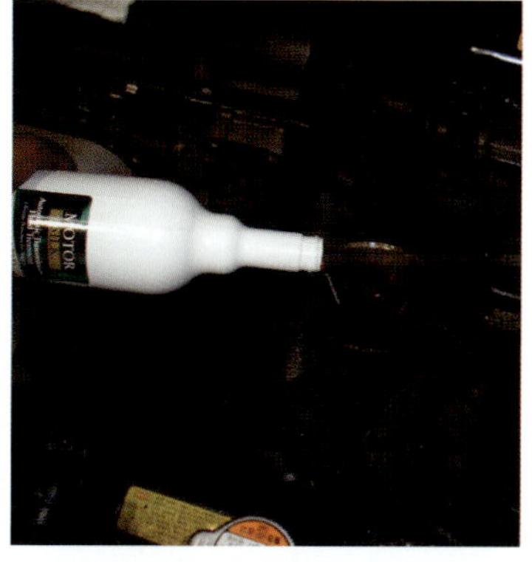

오토미션 성능개선제 시공

파워오일교환, 성능복원제 시공

브레이크오일 교환(DOT4)

너클부싱(리어) 교환

너클부싱(구·신) 모습

배터리 교환

에어컨가스, 냉동오일 주입

부동액, 첨가제 시공

에바클리닝

송풍기모터 세척

실내 항균필터 교환

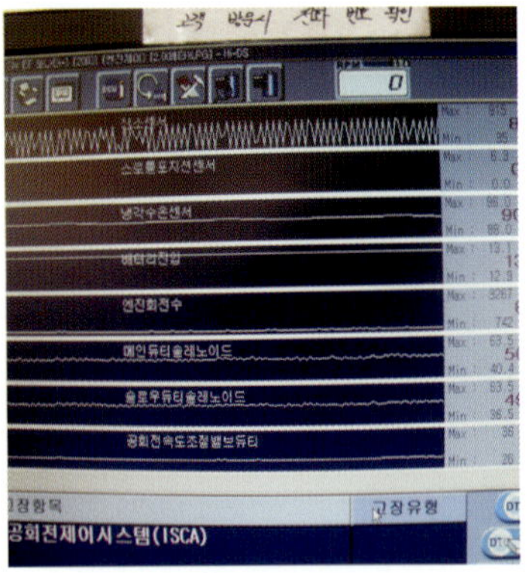

듀티 및 스캔데이터 확인

배기가스 테스터

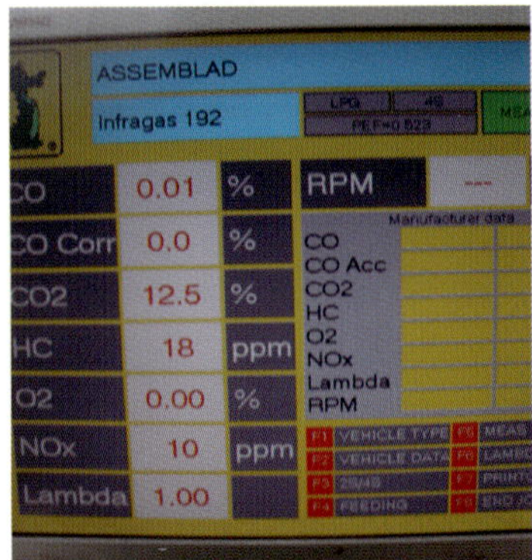

정밀진단 및 조정작업

휠-얼라인먼트 교정

엔진 룸 세정 서비스

휠 세척, 타이어 광택 서비스

6-7 연비불량, 헌팅으로 입고

최근 연비저하 및 간헐적인 아이들 헌팅현상으로 인해 수리 의뢰한 LPI차량이다.

증상의 원인은 흡기매니폴드의 가스켓 손상이었다. 운행거리가 120,000km에 가까워 그동안 관리 되지 못했던 LPI인젝터 클리닝과 연료필터 교환 및 가스켓 교환 시 확인 된 흡기밸브에 퇴적된 슬러지제거를 위한 흡기클리닝을 병행한 작업이다.

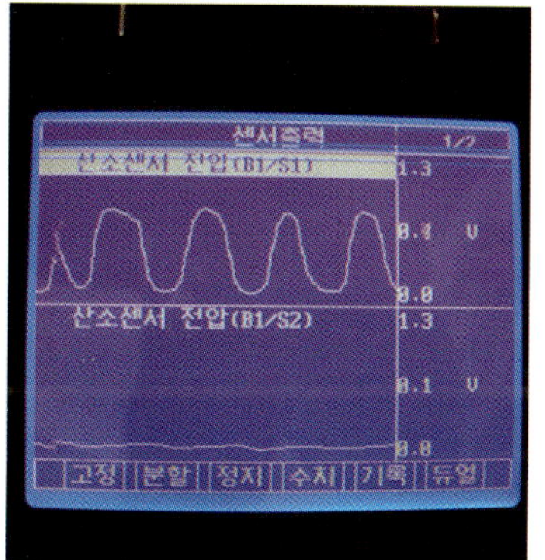

아이들링 상태의 산소센서

캬브레터 클리너 분사 시

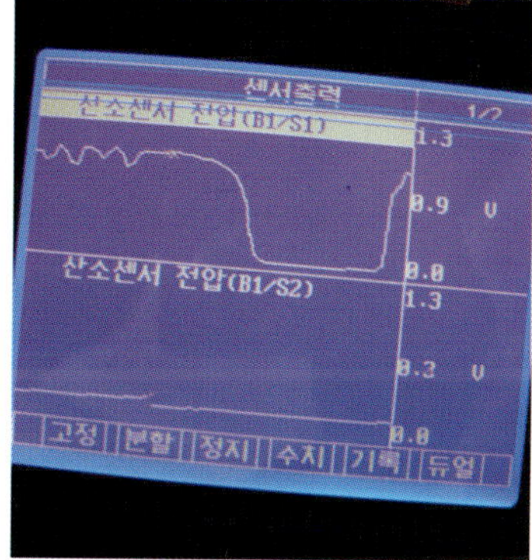

산소센서 농후데이터 확인

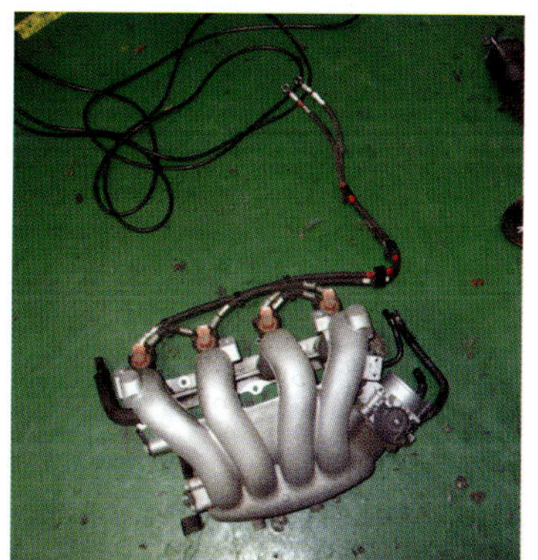

흡기매니폴드 탈거

찢어진 가스켓 모습1

찢어진 가스켓 모습2

흡기밸브 측 슬러지 퇴적모습

신품 가스켓 장착

LPI연료필터 오염 상태

흡기클리닝 완료

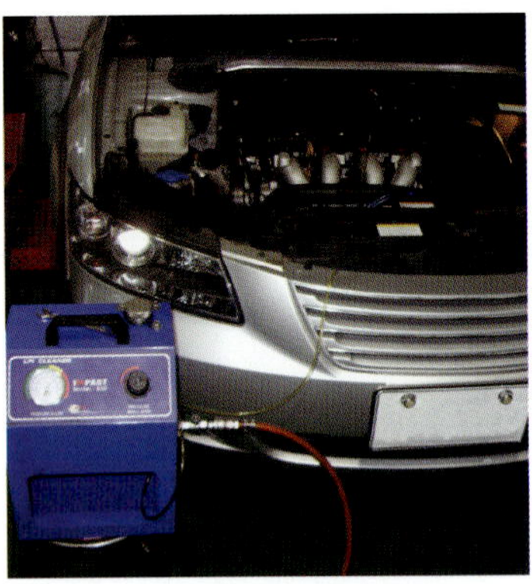

장비를 사용 한 인젝터클리닝

장비의 커플링 연결 모습

6-8 냉간 시 시동지연 개선작업

냉간 시 시동지연으로 입고된 LPI차량이다. 인젝터 클리닝 전용장비로 인젝터 누설, 무화개선을 통해 시동지연문제를 해결하고 추가적으로 LPI연료필터 교환 및 흡기클리닝 작업, 엔진오일라인 세정 및 오일 교환 작업을 병행하여 출력까지 복원한 사례이다.

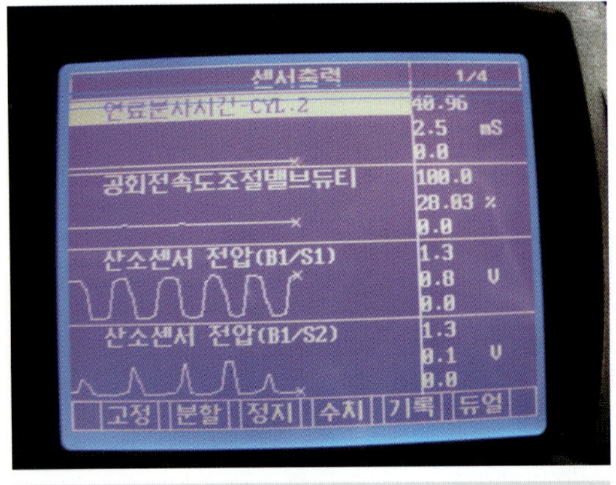

수리 전 스캔데이터 확인1

수리 전 스캔데이터 확인2

오일라인세정제 시공

흡기클리닝(전)1

흡기클리닝(전)2

흡기클리닝(후)1

흡기클리닝(후)2

LPI필터(신·구) 교환

LPI인젝터 전용장비클리닝

정비완료 스캔데이터

실내 스모그 항균탈취 서비스

6-9 노후차량의 성능 복원작업

150,000km주행 차량으로써 중고차량 구입 후 타 업소에서 점화라인 및 엔진브라켓 SET, 타이 밍 벨트 등을 교체하였으나 출력부족 및 엔진 미세진동으로 정비 의뢰한 차량이다.

오일라인세정 및 엔진 파워튠업, 엔진 나노메탈복원제 시공을 통해 엔진밸런스를 개선하여 고객만족을 이끌어 낼 수 있었던 사례이다.

6 9 1 흡기클리닝 및 연료라인세정제 시공

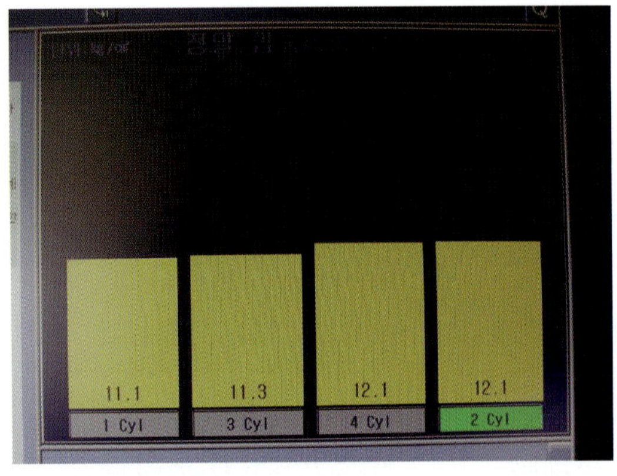

시공 전 압축압력 측정

연료라인세정제 시공

흡기클리닝(전)

탑엔진클리너 시공

흡기클리닝(후)

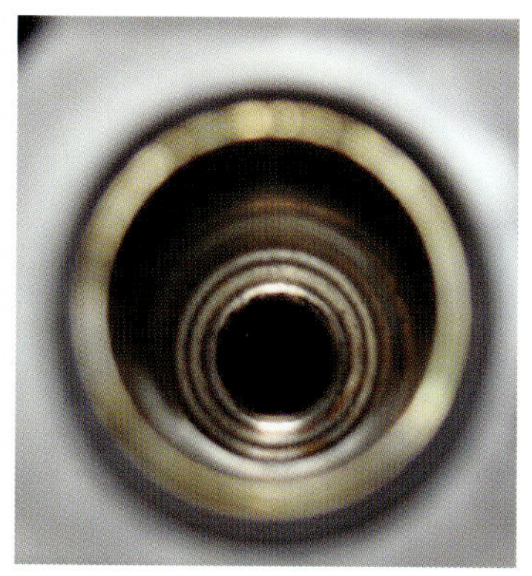
연소실클리닝(전) 내부모습

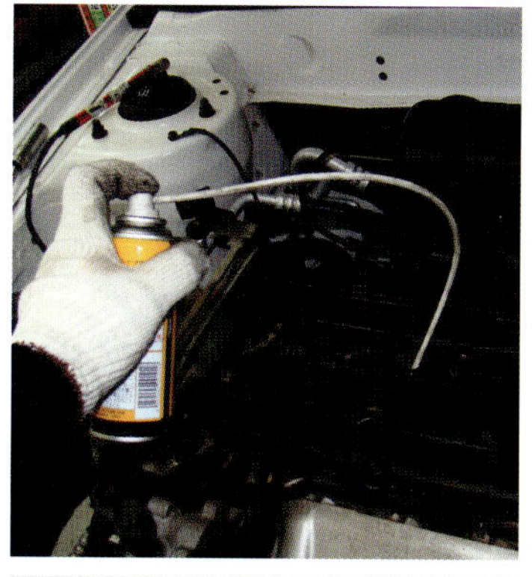
연소실 내 약품시공

ISC 클리닝

슬러지 및 약품 회수

연소실클리닝(후) 깨끗한 모습

6 1 3 엔진오일라인 세정

세정(전)

오일라인 세정제 시공

엔진오일 주입구 추가세정

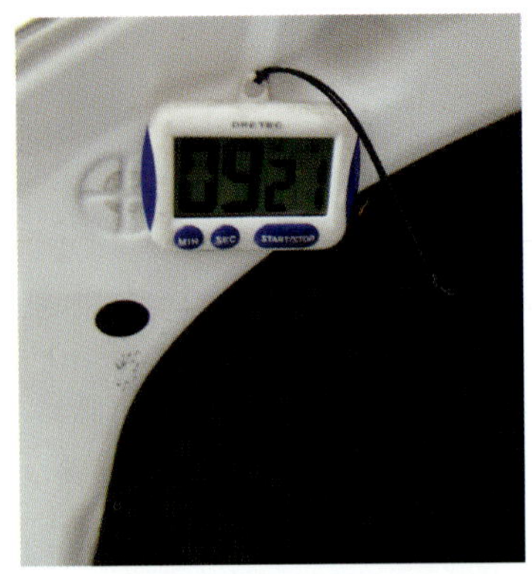

시공타이머 셋팅

오일배출 후 잔류오일 제거

세정(후)

엔진 나노메탈복원제 시공

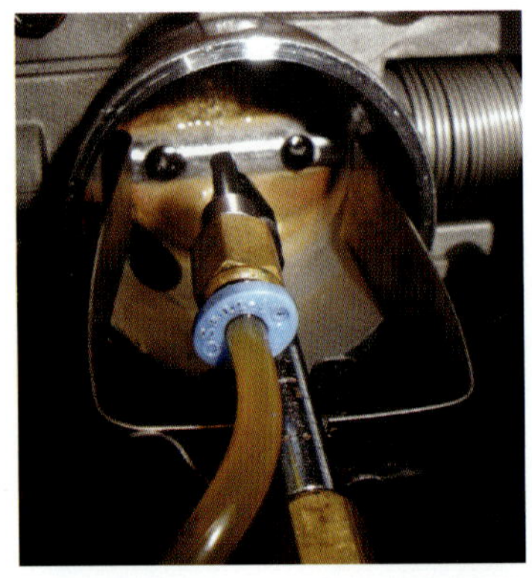

장비를 사용한 흡기클리닝

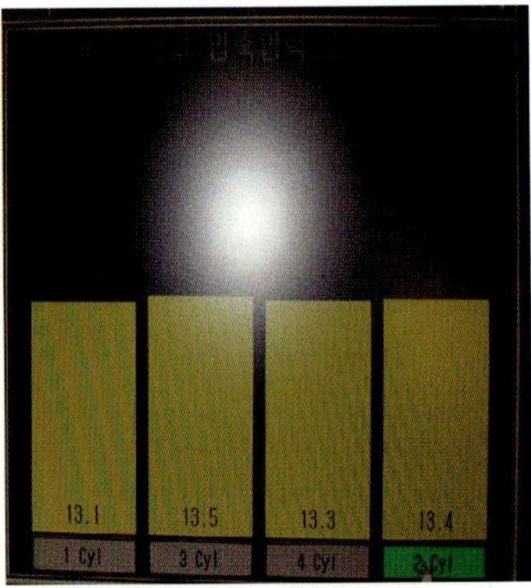

시운전 후 압축압력 테스트

6-10 점화코일 교환 및 엔진파워튠업

엔진헌팅이 심하여 차량정비를 의뢰한 차량으로써 점검결과 점화코일이 손상되어 문제가 발생하였으며, 점화라인 교환작업과 엔진헌팅시 형성된 연소실내부 카본제거로 출력부족을 해결하고자 엔진성능복원 작업을 병행하였다.

차량진단

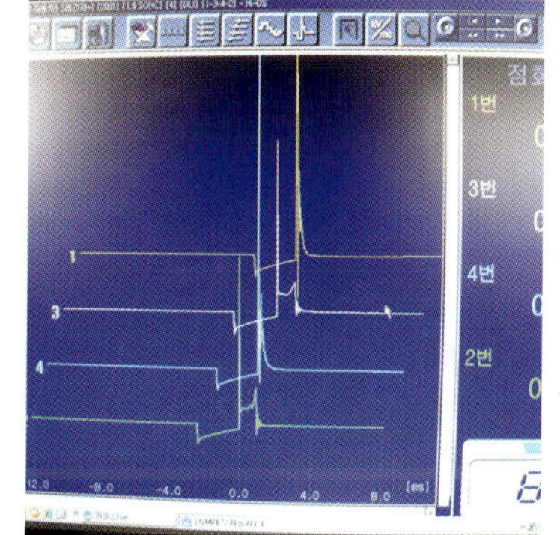
점화코일 점검

점화코일 교환

케미컬 연소실 시공

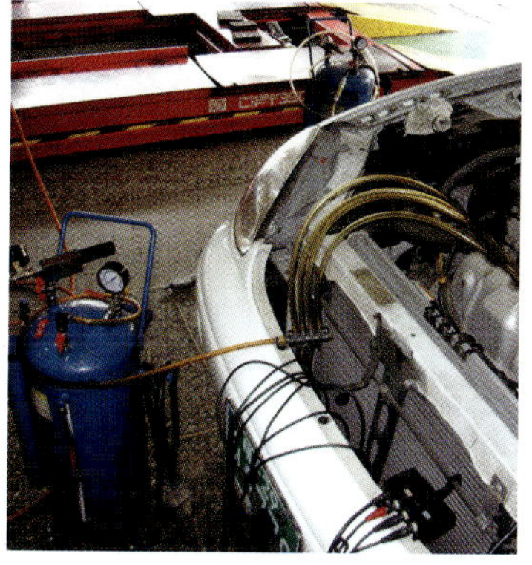
크랭킹하며 석션기를 이용한 슬러지 회수

연소실 슬러지 회수모습1

연소실 슬러지 회수모습2

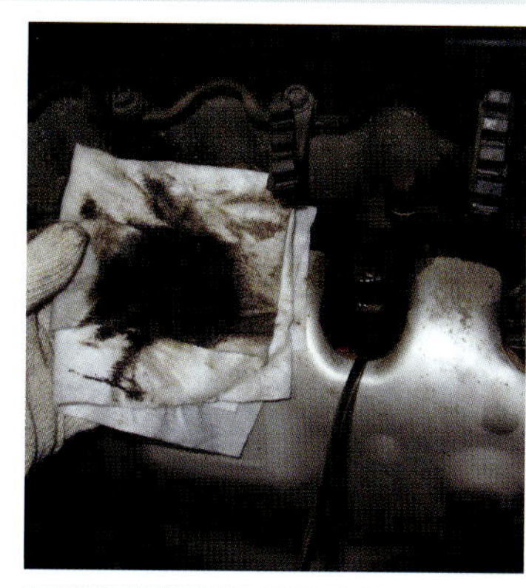
연소실 내 잔류약품 추가배출

엔진 나노메탈복원제 시공

오토미션오일 추가 교환

6-11 타이밍벨트 교체 및 진동, 소음 개선작업

진동 및 소음개선을 위해 입고 된 차량으로써 점검결과 타이밍벨트 내의 오토텐셔너 손상에 의한 소음으로 확인 되었다. 또한, 정차 시 D, R레인지에서의 진동과 가·감속 시 거칠어진 엔진밸런스 수리를 위해 엔진브라켓 SET 교체와 추가적인 케미컬시공으로써 흡·배기클리닝, 오일라인 장비순환식 플러싱, 합성엔진오일 교환, 엔진 나노메탈복원제 시공으로 엔진성능복원을 진행하여 고객만족을 이끌어 낼 수 있었던 사례이다.

차체보호를 위한 랩핑

타이밍벨트 탈거모습

손상된 오토텐셔너

탈거된 타이밍벨트

장착될 신품

신품 장착모습

타이밍벨트 장착 완료모습

부동액 및 냉각성능개선제

주입모습

엔진브라켓 비교

신품 엔진브라켓 장착

탈거 전 미션브라켓 모습

미션브라켓(신·구) 비교

전·후 롤스탑브라켓(구·신) 비교

롤스탑브라켓 손상모습

연료라인세정제 시공

흡기카본클리닝(전)

흡기카본클리너 시공

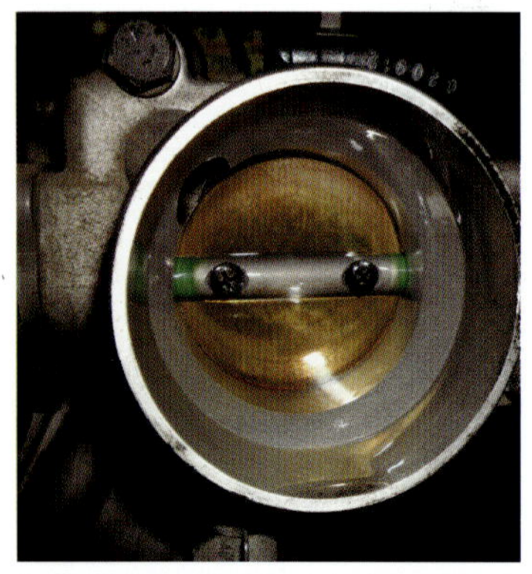

흡기카본클리닝(후)

오일라인 오염모습

플러싱장비 연결

플러싱(전) 오일압력

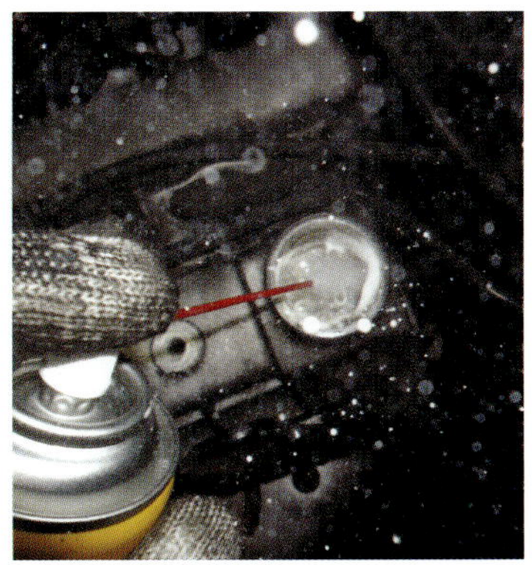

오일 주입구 주변 세척

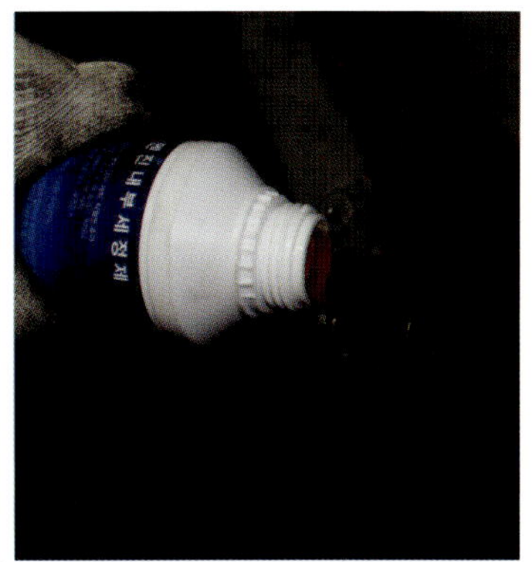

플러싱오일 시공

타이머 셋팅

필터 순환모습

플러싱(후) 오일압력

유압라인 잔류오일 배출

배출된 잔류오일

신유를 밀어넣어 유압라인 세정

플러싱(후) 모습1

플러싱(후) 모습2

기능성 합성엔진오일 주입

엔진 나노메탈복원제

오토미션 나노메탈복원제

엔진 룸 클리닝 서비스

실내 연막살균 서비스

6-12 소음개선, 성능복원 작업

아이들 및 가속 시 엔진소음 발생으로 인해 수리를 의뢰한 차량이다. 진단결과 파워펌프 및 아이들베어링에서 소음이 발생하여 1차 수리 후 고객님께 운행거리 및 차량관리방법에 대해 상담하여 추가 소모품관리와 엔진의 성능복원작업을 병행하여 실시한 사례이다.

차량 입고

파워펌프 및 아이들베어링

팬벨트SET 교체

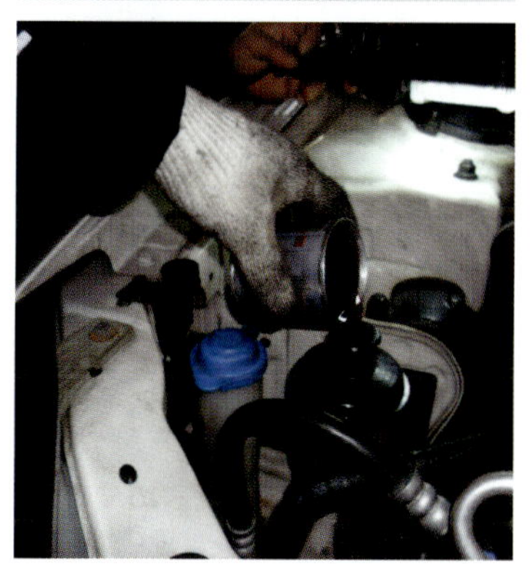

파워스티어링 성능개선제

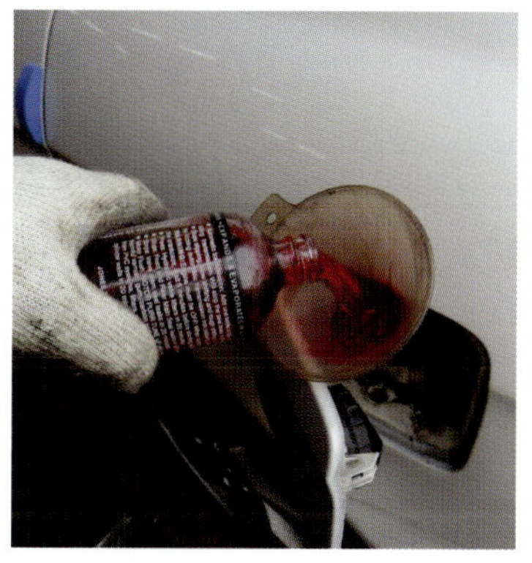

연료라인세정제 주입

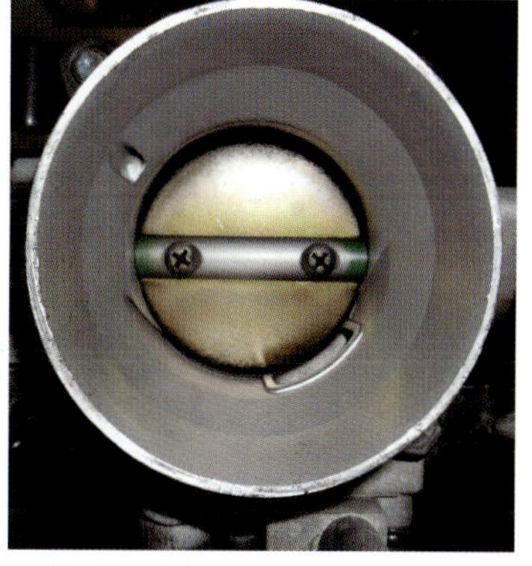

흡입구 오염모습

흡기카본클리너 시공

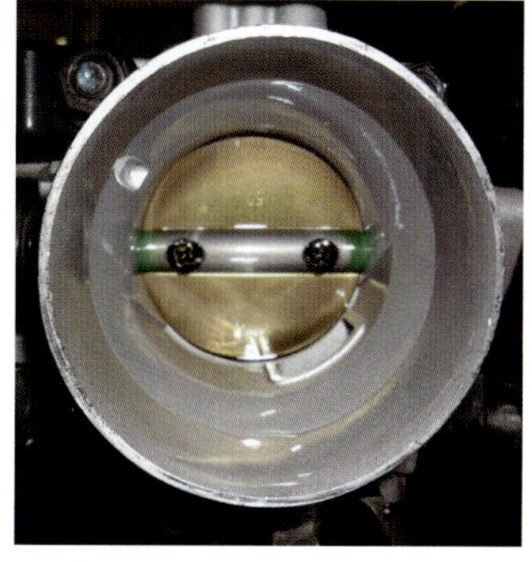

흡기클리닝 완료모습1

흡기클리닝 완료모습2

연소실내부 오염모습

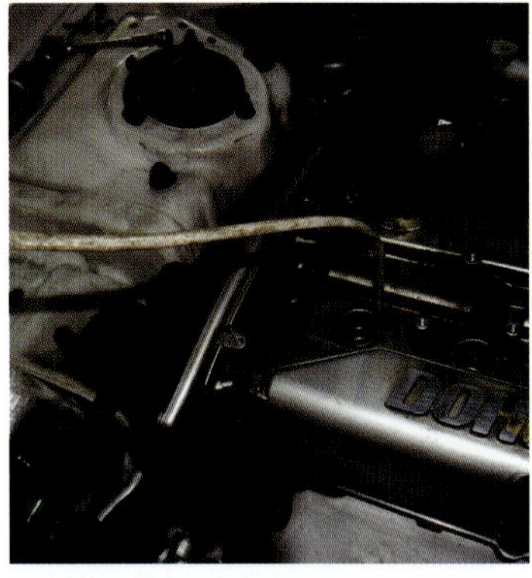

연소실내부 약품시공

석션을 통한 약품회수

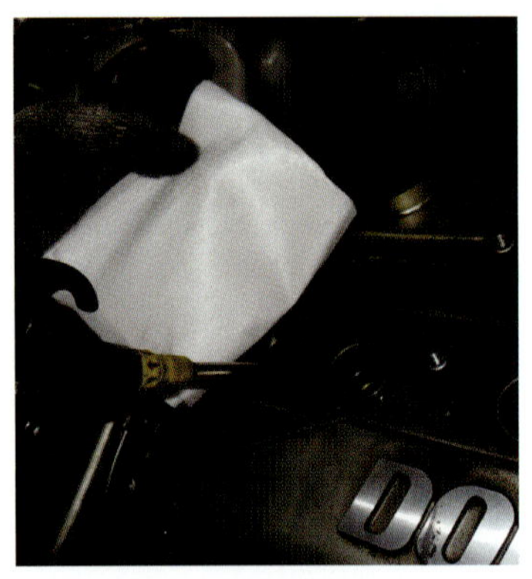

잔류약품 및 슬러지 추가제거

에어건으로 털어낸 슬러지 모습

클리닝 완료모습

장비순환식 플러싱

장비 어댑터(IN·OUT) 연결

작업완료(전) 오일압력

작업완료(후) 오일압력

잔류오일 배출 및 제거

기능성 합성오일 주입

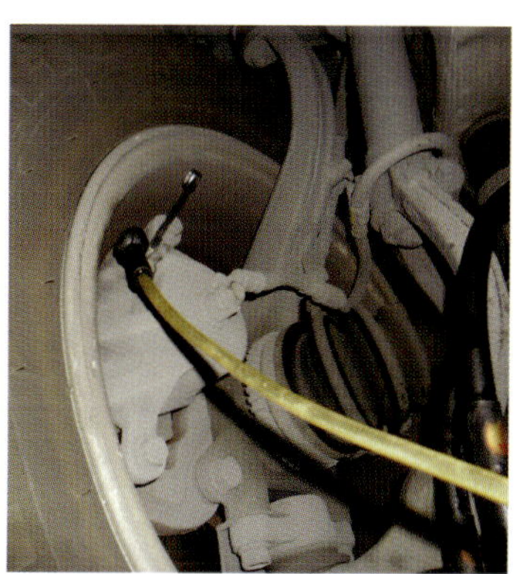

DOT4 브레이크오일 교환

스캔데이터 및 고장코드확인

실내 연막살균 서비스

엔진룸 클리닝 서비스

6-13 소모품관리 및 케미컬시공, 튠업용품 적용

중고차량 구입 후 약 6개월가량 운행한 차량으로 본 업소 카페에 정비예약 후 방문한 차량이다. 좀 더 나은 출력과 연비향상을 위해 기본적인 소모품 교체와 각 시스템의 케미컬관리, 나노메탈복원제와 튠업용품 적용으로 성능을 업그레이드 한 사례이다.

차량 입고

브레이크오일 교환(DOT4)

기능성 합성엔진오일 교환

폐 냉각수배출

부동액 주입

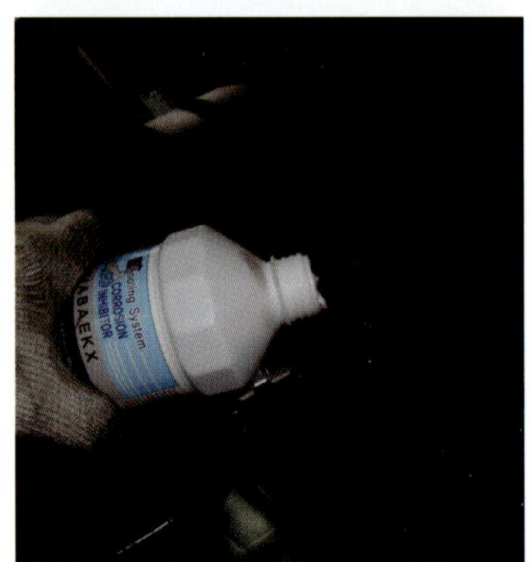
냉각성능개선제 주입

전단변속을 통한 2회 세정

오토미션오일(구·신) 비교

신유 주입

파워스티어링오일 순환식장비

파워스티어링 성능개선제

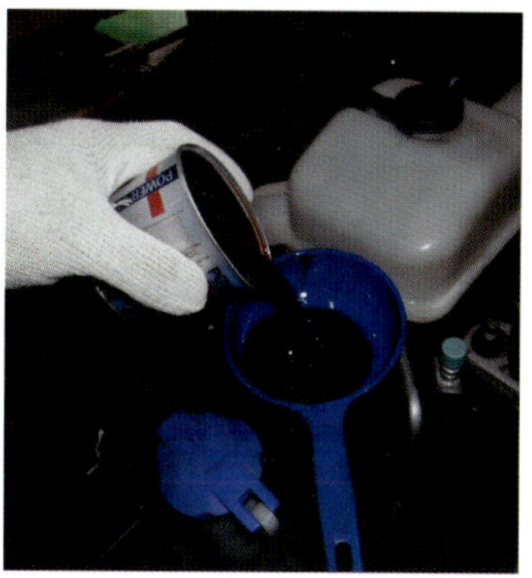

주입 모습

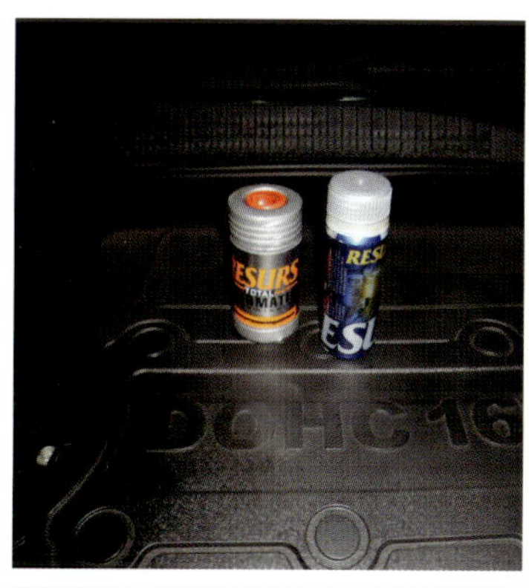

나노메탈복원제 준비

엔진 나노메탈복원제

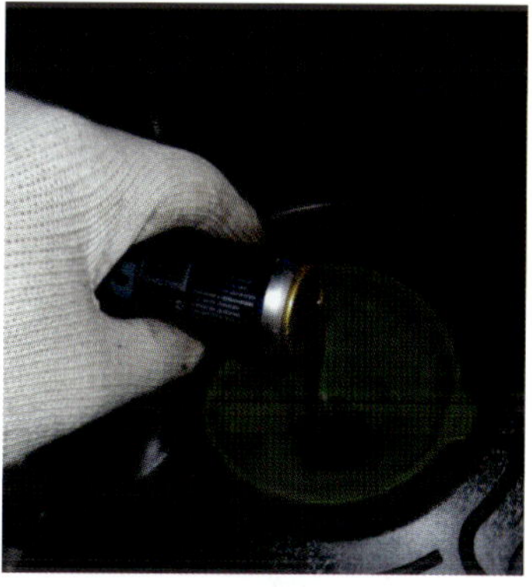

오토미션 나노메탈복원제

중간 소음기 분리

배기가스 역류방지 용품

장착 모습

튜닝용 에어클리너(순정형)

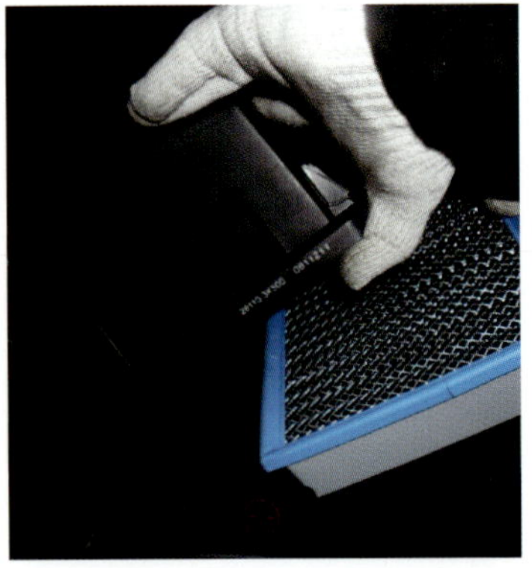

장착 모습

실내항균필터 교환

실내연막살균 서비스

6-14 엔진파워튠업 및 튜닝용품 장착

중고차량구입 후 출력 및 연비개선을 위해 본 업소에서 운영하는 카페에 정비상담 및 예약 후 입고 된 차량이다.
입고 몇일 전 오일라인세정 및 합성엔진오일로 교체된 차량으로 엔진파워튠업 및 장비를 활용한 인젝터클리닝과 흡입효율 향상을 위한 싱글
흡기와류 용품과 튜닝용 에어클리너(순정형)를 장착하고 엔진 나노메탈복원제를 시공하여 고객만족서비스를 이끌어 낼 수 있었던 사례이다.

차량 입고

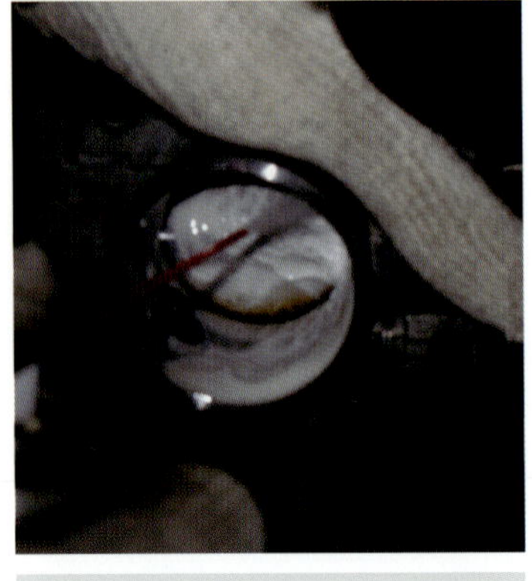

흡기카본클리너 시공

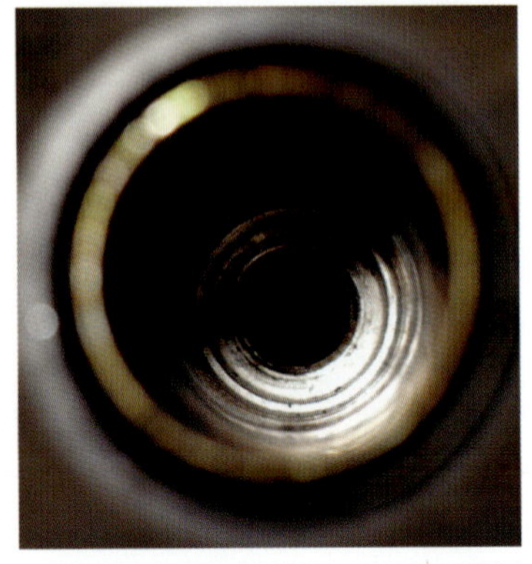

연소실 오염모습

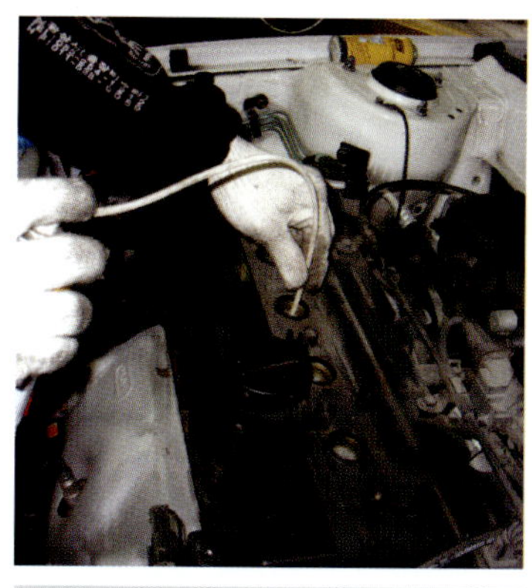

연소실 약품시공

크랭킹과 석션으로 약품 회수

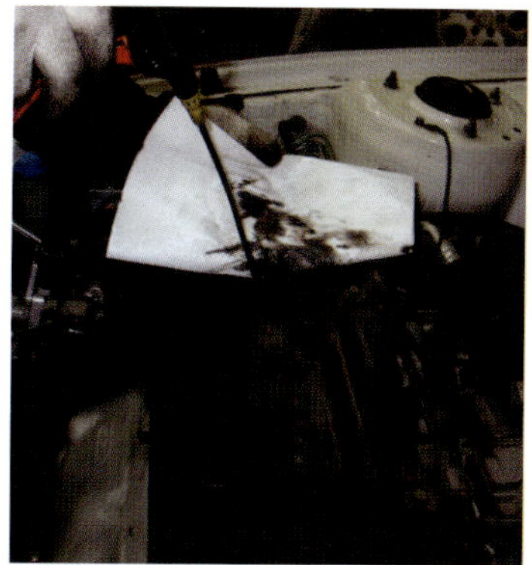

잔류약품 및 슬러지제거

깨끗해진 피스톤 표면모습

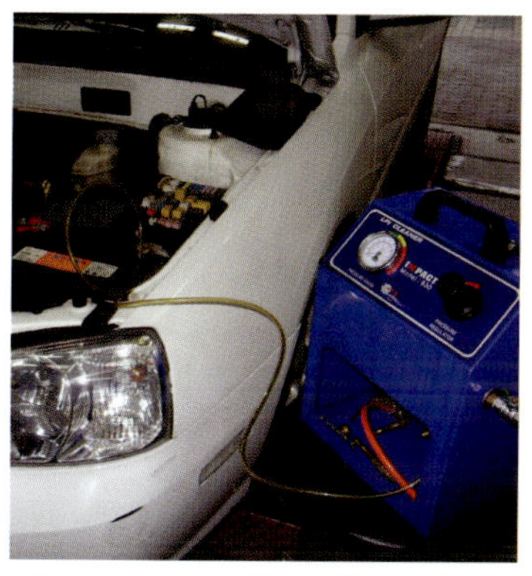

장비활용 인젝터클리닝

튜닝용에어클리너(순정형) 장착

싱글흡기와류 용품

장착 모습

엔진 나노메탈복원제

6-15 파워스티어링 펌프손상에 의한 소음발생

파워스티어링 유압펌프 손상으로 소음이 발생한 차량이며 펌프교환 전 씰-복원작업 및 유압라인 세정을 선행하고 펌프교환과
오일교환 후 파워스티어링 성능개선제를 함께 시공한 사례이다.

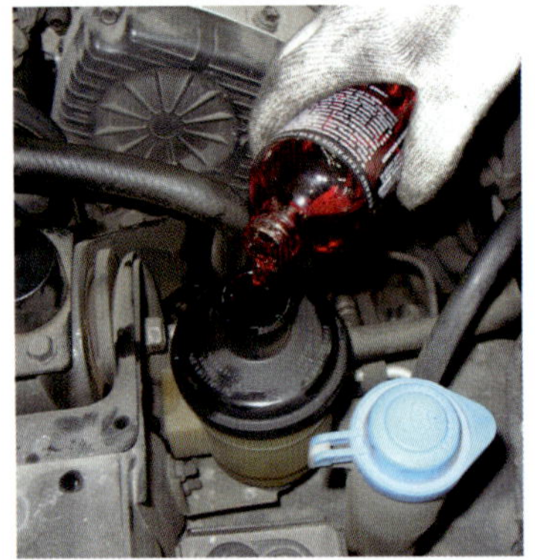

세정 및 씰-복원제 시공

파워펌프(구·신) 모습

파워오일 교환

오일 교환 후

성능개선제 시공

실내 연막살균 서비스

6-16 파워스티어링오일 누유로 인한 씰-복원제 시공

파워스티어링 기어박스에서 오일누유로 인해 수리를 의뢰한 차량이다.
기어박스 교체시의 비용문제로 인하여 케미컬작업을 진행하였으며 누유가 심한 차량인 관계로 보조탱크에 누유방지제 및 성능개선제 시공과 더불어 누유부분에 씰-복원제를 직접 시공하여 출고 한 차량이다.

기어박스 리테이너 오일 누유부위

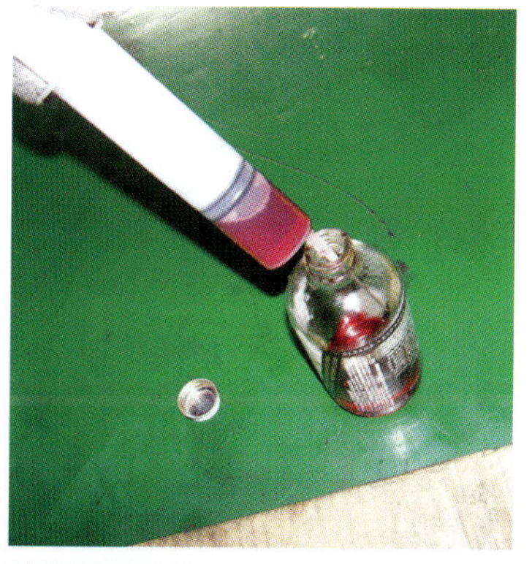

씰-복원제

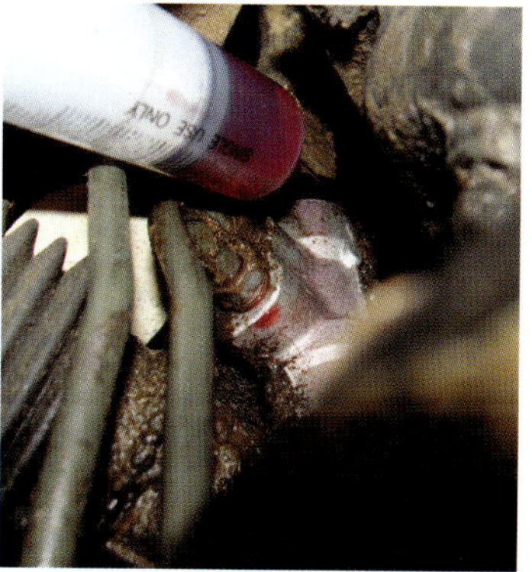

케미컬 시공

6-17 오토미션 케미컬 예방정비

총 주행거리가 235,000km인 단골고객 차량이다.
오토미션 성능유지를 위하여 미션오일교환과 함께 나노메탈복원제와 오토미션 성능개선제를 함께 시공하였다.

오토미션오일 교환

엔진 나노메탈복원제 시공

오토미션 성능개선제 시공

* 부드러운 변속, 슬립률 감소에 따른 등판능력 향상, 오일 및 부품 산화방지기능 등을 기대할 수 있다.

6-18 냉간 시 오토미션 변속충격으로 인한 케미컬 튠업

운행중 간헐적인 변속충격으로 인해 수리를 의뢰한 차량이다.

특히, 냉간 시 변속충격의 경우 변속기 밸브바디 솔레노이드 내부오링 경화로 인한 유압누설과 라인의 미세 막힘 등의 원인이 많은 관계로 오일라인 세정 및 씰-복원 작업과 함께 나노메탈복원제를 함께 처방한 사례이다.

* 사전 점검 사항: 스캔데이터 및 고장코드 확인, 과도한 쇳가루 발생 여부, 디스크손상에 의한 오일변색 및 냄새확인 등으로 문제점 발견 시 단품교환 정비선행 후 케미컬시공이 필요하다.

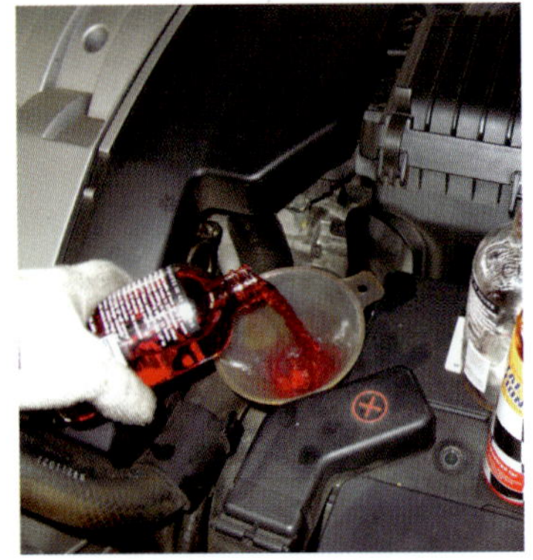

오일라인세정 및 씰-복원제

메탈윤활 보호제 시공

오일 배출

오일콕 오염상태

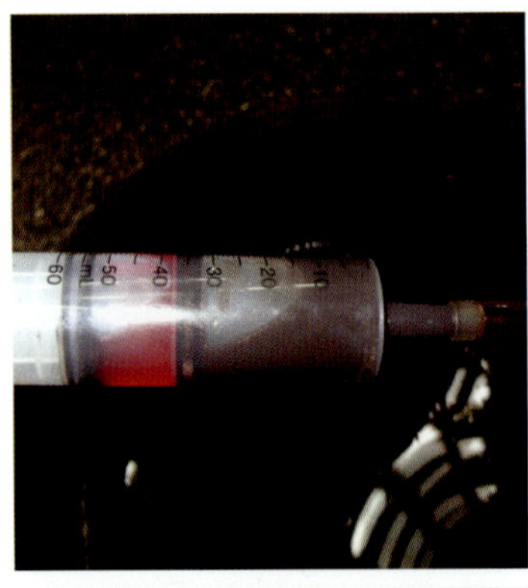

신·폐유 비교

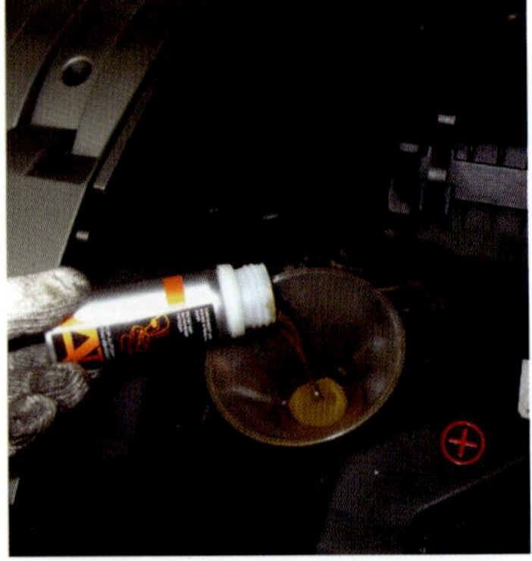

나노메탈 복원제 시공

6-19 엔진오일 소모 과다로 인한 케미컬 튜업

운행거리가 연식에 비해 적은 차량으로 2년 동안 약20,000km 정도를 운행하면서 엔진오일을 한번도 교체하지 않아 슬러지과다 퇴적으로 엔진소음이 발생하여 타 업소에서 플러싱 작업을 한 상태에서도 1,800km정도를 운행하면 1.5L정도의 오일이 소모된 차량으로 이미 렉서스서비스 센터에서 실린더헤드 교환견적을 받은 상태였으나 본 업소에 상담 후 토탈 플러싱과 씰-복원작업 및 엔진 나노메탈 복원제를 활용한 정비사례이다.

급가속 시 백연발생

플러그 오염 모습

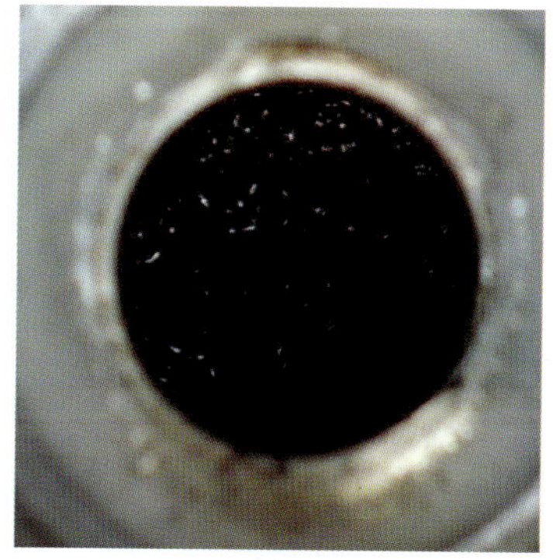

연소실내부 오염 모습

오일필터 탈거 모습

플러싱장비 장착

플러싱전용 케미컬 주입

오일슬러지 필터링

일정시간 후 필터교체

신품필터 교환

세정완료 후 플러싱액 배출

오일팬 내부 추가세정

헤드 측 추가세정

헹굼용 엔진오일 주입

씰-복원제 시공

메탈윤활 보호제 시공

폐유 배출

잔류오일배출 및 오일퍼포먼스

헤드 측 추가세정 후 모습

스트레이너 부위 세척 후 모습

오일팬 세정

오일필터 입 · 출구 상태

합성엔진오일 주입

나노메탈복원제 · 메탈윤활보호제

엔진압축, 점도개선제 시공

6-20 엔진오일 소모 과다 개선 및 엔진 성능복원

6 20 1 BMW740 엔진오일 소모 시 처방순서의 예

a. 엔진 내부의 슬러지 생성정도를 사전에 검사하여 심하면 플러싱을 선행하는 것이 좋다.

b. 씰-복원제(TUNE-UP)를 적정 오일 레벨게이지 범위 내에서 엔진오일 주입구에 주입 한다.

c. 엔진오일 소모량과 엔진오일 규정용량에 따라 씰-복원제 주입량을 조절한다.
  - 예: 엔진오일 규정량 4리터 차량이 1,000km주행 후 1리터 가량 소모 시 씰-복원제 1~2병을 시공한다.
  - 씰 - 복원제(TUNE-UP)는 고 휘발성 유기용제로서 밸브가이드 씰을 비롯한 각종 고무류 부품에 침투하여 팽윤작용으로 기능을 복원하며 엔진오일을 빼버리면 효과가 없어지는 일회성의 단순 일반 스탑리크 제품과는 다른 지속적인 효과를 나타내는 제품이다.

d. 고 휘발성 유기용제 제품의 경우 주입 후 증발 가스의 흡기관 유입으로 공연비 농후로 인해 시동지연이 발생하므로 오일캡을 잠시 열어둔 후 시동한다. 이때, 일시적인 엔진부조 현상이 3분가량 있을 수 있으나 안정되도록 잠시 기다린다.
  (윤활성, 점도저하로 인한 엔진보호를 위해 가급적 급가속을 삼가 한다.)

e. 오일 소모가 과도한 차량의 경우에는 압축복원제(OIL STABILIZER: 점도지수향상제) 1~2병을 함께 시공한다.
  - 압축복원제는 온수에 중탕하여 아이들 상태에서 주입한다.

f. 주입 후 아이들(idle)상태로 고정한 후 1시간 전·후 워밍업으로 시공한다.
  - 씰 - 복원제와 같이 엔진오일의 점도를 떨어뜨리는 제품의 경우 저속, 저부하, 아이들 상태 시공시에는 생략할 수 있으나 주입된 상태로 출고하여 운행으로 시공 할 경우에는 메탈윤활보호제(METAL CONDITIONER)1병을 주입하여 윤활성을 확보한다.
  - 5,000km주행에 1리터 미만 소모 시 예방정비 차원에서는 1/2병을 시공하여 출고할 수 있다.

g. 시공이후 엔진오일교환 시 오일은 열간점도 40이상의 제품을 사용하는것이 좋으며 압축 복원제, 나노메탈 복원제를 함께 시공하는 것이 좋다.

h. 출고 뒤 1,000km 가량 운행 후 재 입고하여 엔진오일을 점검하며 오염이 심할 경우 엔진오일을 한 번 더 교환해 주는 것이 좋다.

* 씰-복원제는 엔진오일에는 주입시공 후 2일 가량, 오토미션에는 3일 가량 잔류 후 증발, 소멸된다.

* 디젤차량의 연소실 오일 과다 소모 차량과 터보장치 오일 과다 누유 차량시공 시에는 씰-복원제의 휘발성 약품으로 인한 엔진오버런 방지를 위해 약품을 증발시킨 후 추출된 원액을 시공하는 방법이 있으나 씰-복원제시공은 가급적 피하는 것이 좋다. 압축복원제와 나노메탈복원제 시공을 권장한다.

 100,000km미만의 운행거리지만 고질적인 엔진오일 소모와 엔진의 성능개선을 위한 케미컬 정비 시공 사례이다.

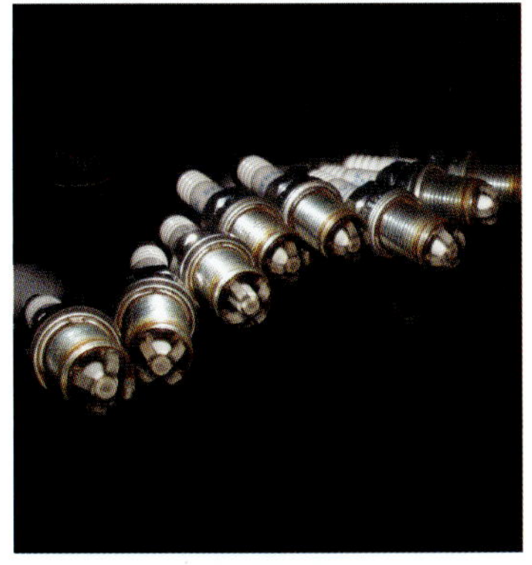

플러그 오염상태 확인

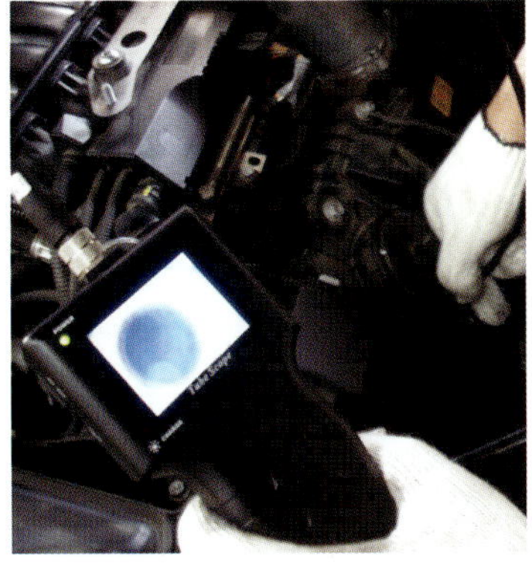

내시경으로 연소실 내부 점검

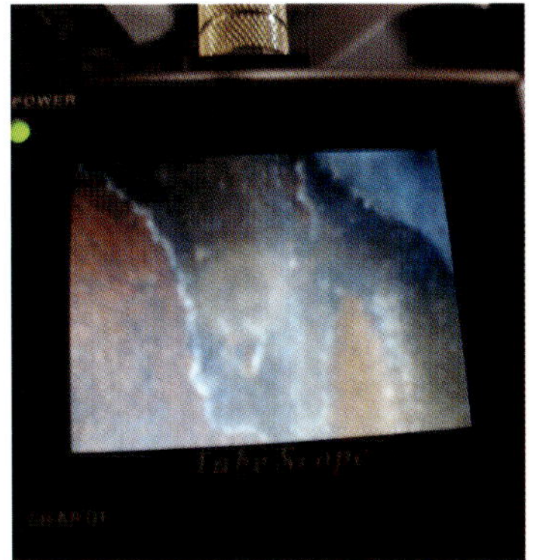

마모상태 확인

씰-복원 및 오일라인세정제 시공

메탈윤활보호제 시공1

오일배출 및 필터교환

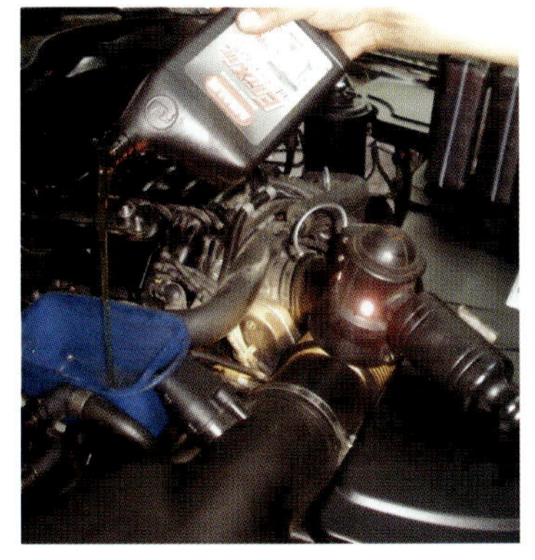

합성엔진오일 주입

나노메탈복원제 시공

메탈윤활보호제 시공2

6-21 백연 발생에 따른 케미컬 튠업 정비

전반적인 차량관리 미흡으로 인한 엔진오일 소모로 백연이 다량 발생한 캐딜락 차량으로 케미컬을 이용한 정비사례이다.

6 21 1 입고 시 차량상태 및 오일 소모량 문진, 진단작업.

입고 시 백연 다량발생 확인

내시경으로 실린더 내부 점검

오일 주입구 플러싱(전)

인젝터 탈거

장비를 사용한 인젝터 클리링

인젝터 클리닝 완료

연소실 클리닝

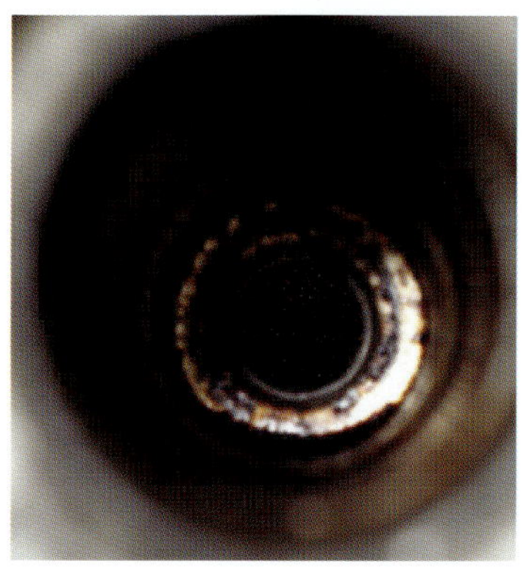

플러그 홀 연소실 오염상태

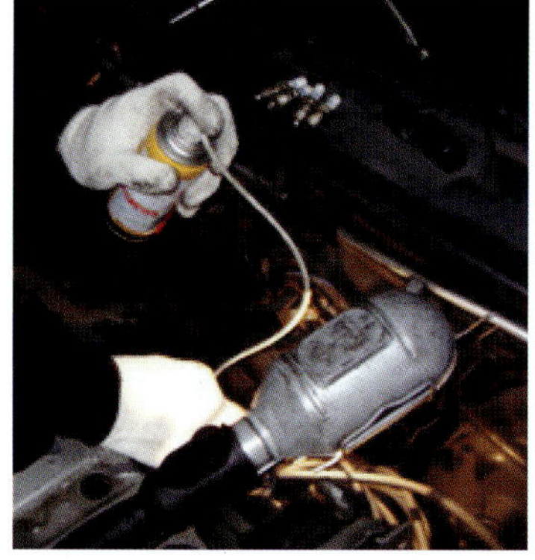

케미컬 연소실 시공

연소실 오일슬러지 제거

엔진오일라인 세정을 위한 토탈헤드플러싱 작업

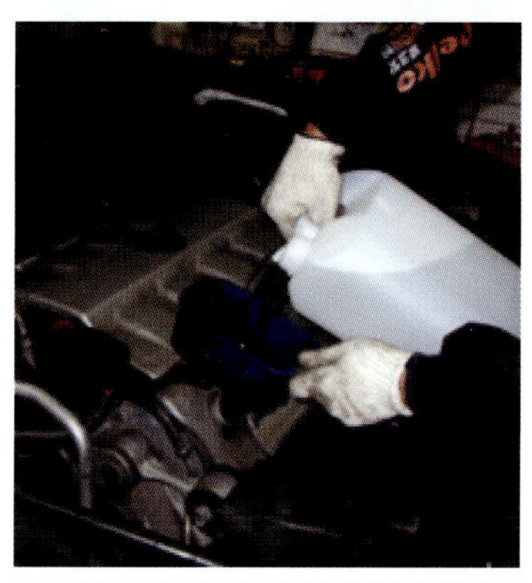

플러싱약품 시공

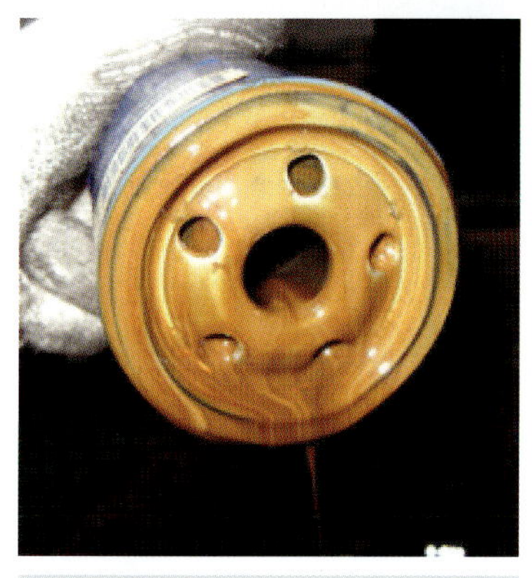

약품 배출

오일 주입구 플러싱(후)

1차 엔진 오일교환 후 씰-복원작업 및 잔류오일 회수작업

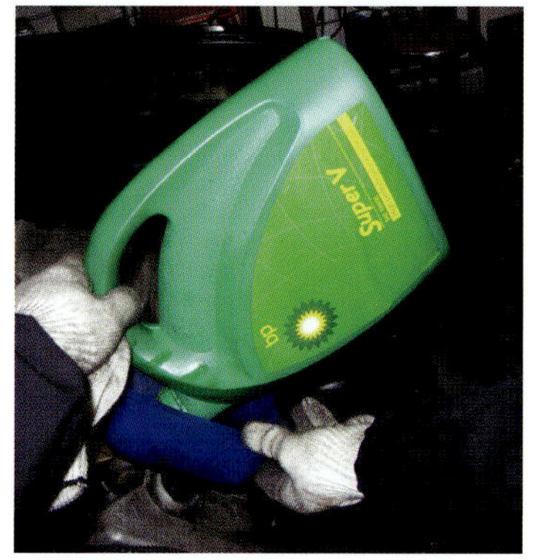

헹굼용 엔진오일 주입

씰-복원제 시공

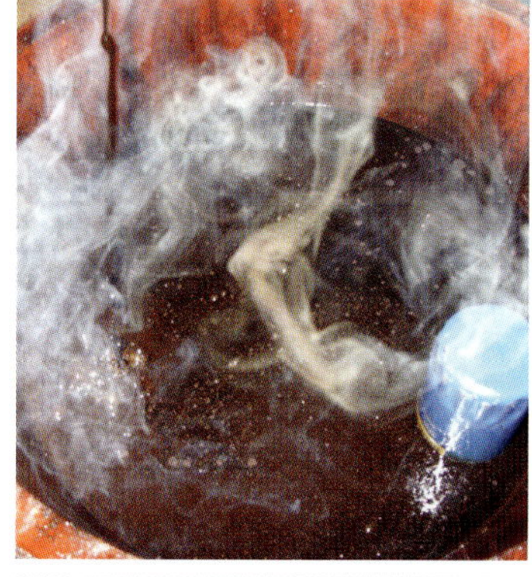

폐 오일배출 및 잔류오일 회수

6 21 5 2차 엔진오일교환 및 나노메탈복원제 시공

합성엔진오일 교환

나노메탈복원제 시공

6 21 6

케미컬 시공의 마무리로 실차 시운전주행으로 배기머플러에 쌓여있는 오일슬러지를 태워주는 작업이 필요하며 이때 엔진 열을 이용해서 케미컬의 시공효과도 더욱 높일 수 있다.

6-22 흡기예열클리닝 전용장비 활용 작업

투싼IX 출력부족으로 인해 연료라인 수분제거제, 인젝터 클리너 시공 및 흡기매니폴드, 흡기밸브, 연소실, 전자 EGR, CPF 관리까지 함께 정비한 사례이다. 흡기예열전용 클리닝장비를 활용 할 경우 세척이 필요한 부위를 최소한 분해하여 친환경 세척액을 고온, 고압으로 분사하여 효율적으로 세척작업을 가능케 한다.

주행거리(107,700km)

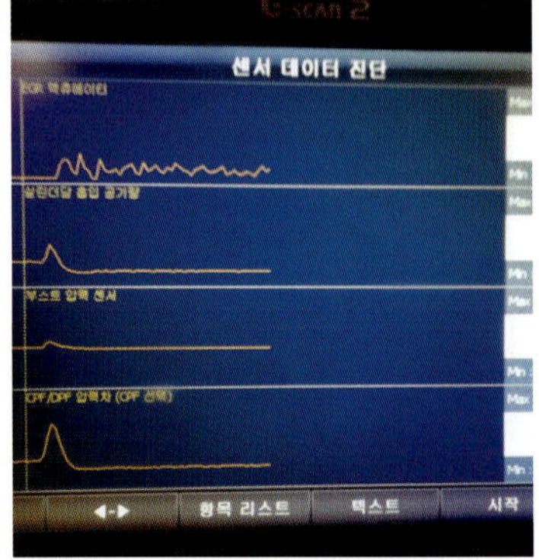

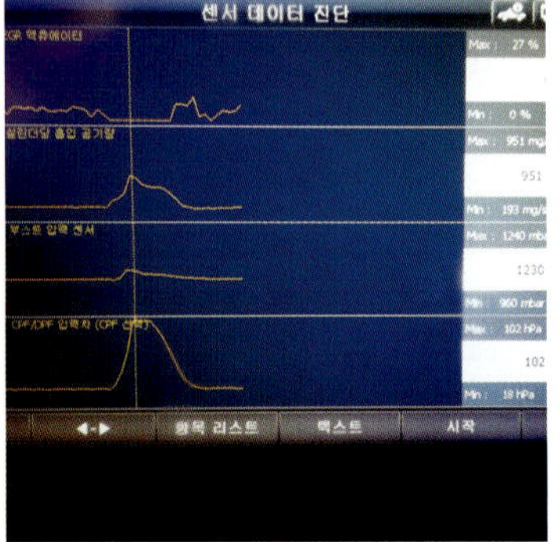

EGR밸브 작동상태 및 센서데이터 확인

스로틀플랩 카본확인

흡기매니폴드 카본퇴적 모습

BPS탈거 카본확인 및 세척

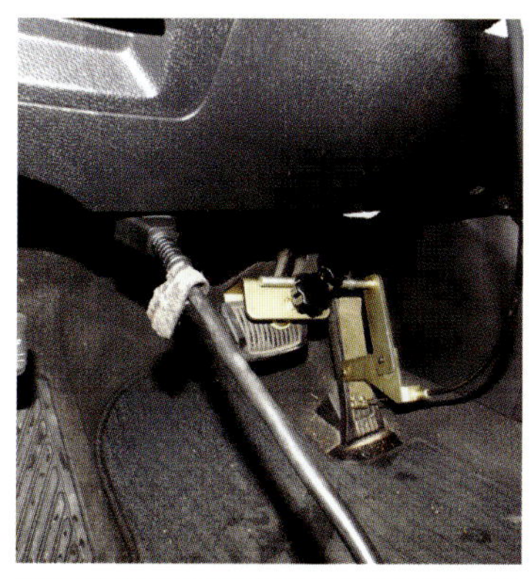

1인 작업을 위한 RPM TOOL

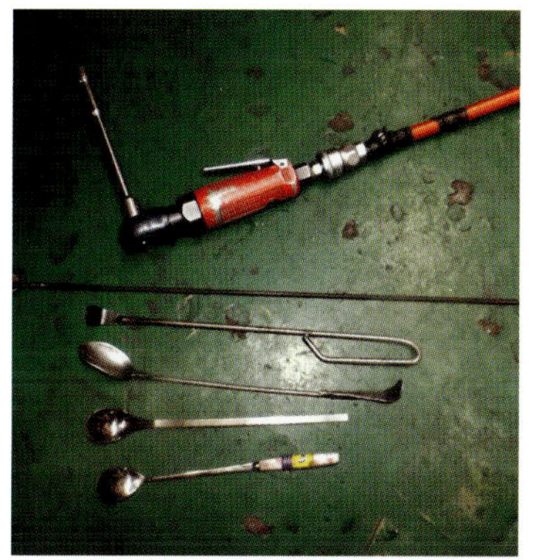

카본 제거공구 준비

전용장비 및 케미컬 준비

수푼을 이용 1차 카본 제거

거품클리너 도포 2차 카본 제거

수분제거제 주입

인젝터 클리너 주입

엔진난기 및 장비예열

세척액 예열 무화 시공

3,4번 실린더 쪽 집중세정

가 · 감속으로 EGR 및 스웰밸브작동

시공완료 모습

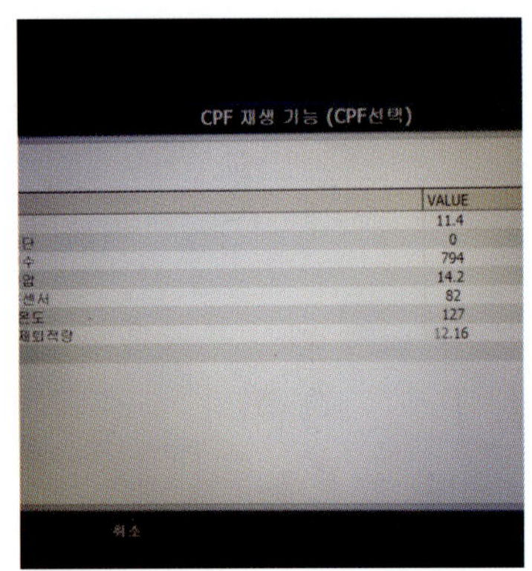

CPF 강제재생 실시

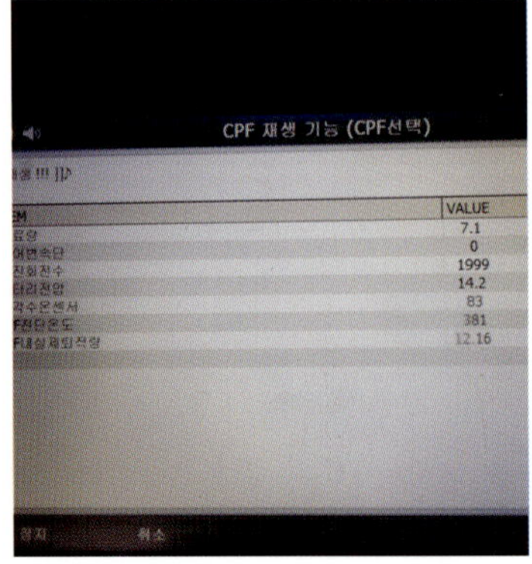

CPF 강제재생 중

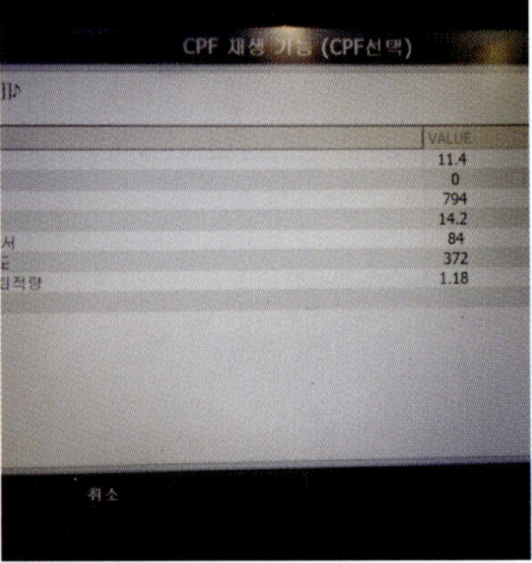

CPF 재생 완료

6-23 CM싼타페 DPF 전용클리닝 장비 시공작업

주행거리 대비 DPF의 마일리지가 많은 CM싼타페 차량입니다.

이러한 경우 대부분이 시내주행이 많은 차량으로, DPF의 재생 조건이 되지 않아 많은 양의 PM이 담체 내부에 축적되어 경고등점등 및 출력, 연비불량 등의 문제가 발생 할 수 있습니다. 정기적인 DPF 전용클리닝을 통한 관리가 무엇보다 중요합니다.

CM 싼타페

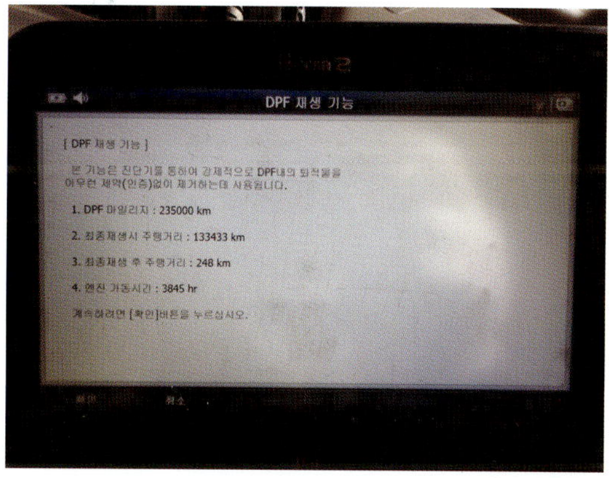

DPF 마일리지와 주행거리 비교

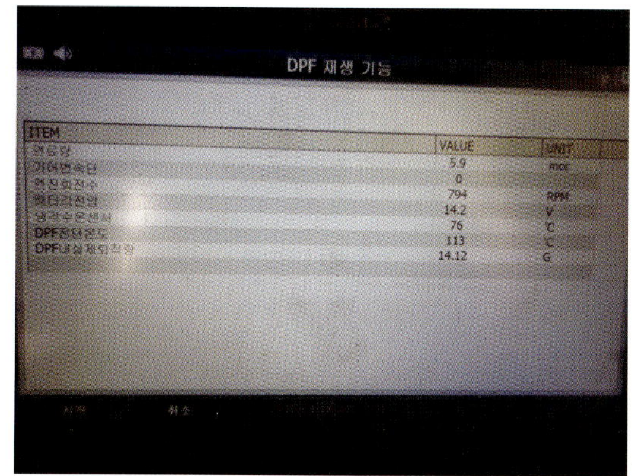

내부 퇴적량(14.12g) 확인

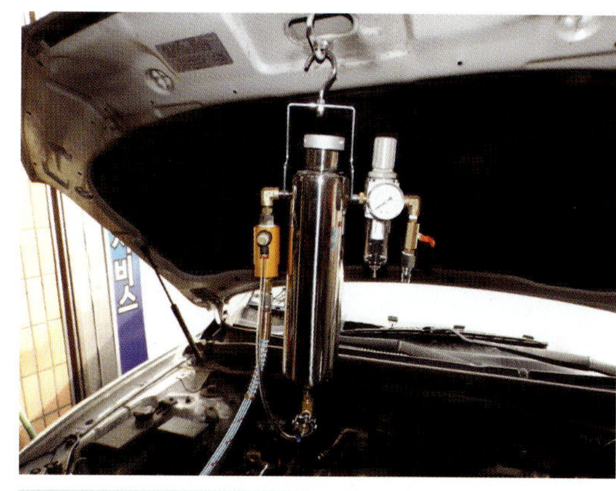

DPF 전용클리닝장비 장착

차압센서 전단호스 탈거후 장비장착

DPF 전용클리너(1,2차)

1차클리너 준비

시동off 상태에서 에어압력으로 주입

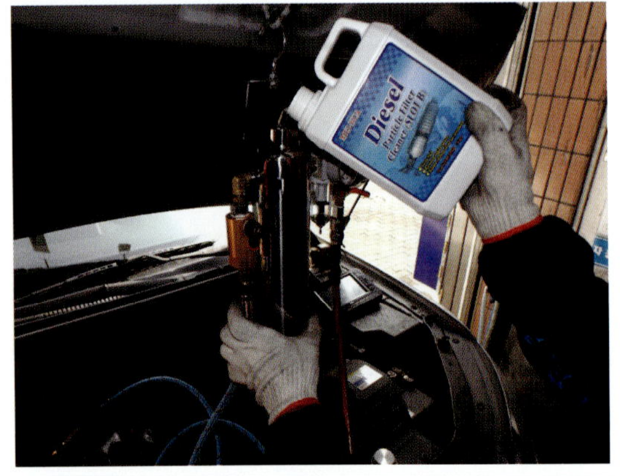

2차클리너는 시동on 상태에서 주입

배기구의 클리너 배출모습

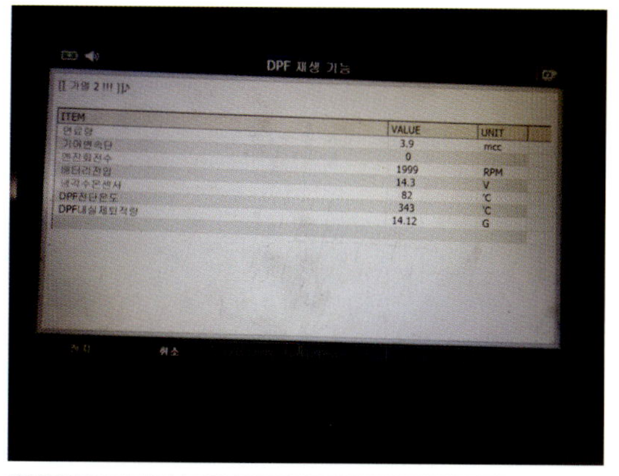

DPF 강제재생 실시

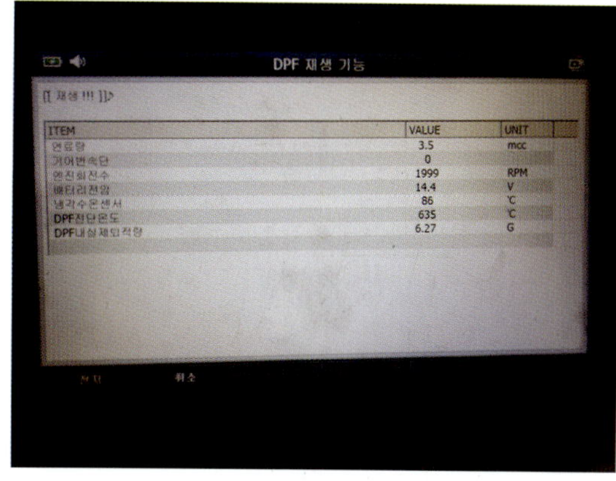

재생중

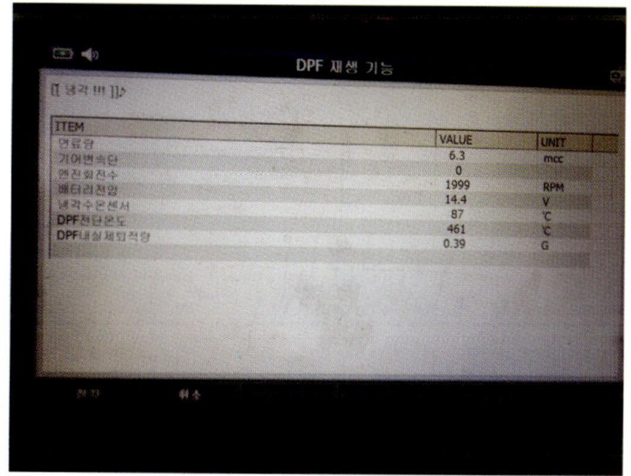

재생 성공 후(0.39g) 냉각단계

조건	유로4	유로5
주행거리	1,000km	500km
주행시간	26시간	15시간
포집량	25g 이상	18g 이상

자동재생모드 진입 기준

PART. **7**

실차 현장 견적사례

7-1 싼타페CM

■ 자동차관리법 시행규칙 【별지 제89호의2 서식】 <개정 2014. 10. 6.>

자동차 점검·정비명세서

차 량 소유자	등 록 번 호		차 명(차 종)	싼타페 CM	주행거리	173,300 Km
	등록년월일	2007-04-27	점검·정비 의뢰일자	2015-06-30		

정 비 사업자	사업자등록번호	503-47-37151	정비업등록번호	01-2704-000666	
	업체명(대표자)	오토1급카센터 (박일랑)	주 소	대구 서구 평리6동 616-23 (전화번호 : 053-566-4470)	
	점검·정비완료일자	2015-06-30	출고일자 2015-06-30	정비책임자 윤영길	(서명 또는 인)

점검 · 정비내역　　　　추가정비동의여부　✓ 동의　☐ 부동의

작 업 내 용	부 품				공 임
	구 분	수 량	단 가	계	
- 중고차량 구입, 전반적인 점검 요망 -		1			
- 스켄데이터 및 고장코드 확인		1			
- 엔진 압축압력 테스트(pico scope)		1			
- 엔진 회전벨런스 테스트(pico scope)		1			
- 피스톤 파형 점검(pico scope)		1			
- 인젝터 보정량 테스트		1			
- 고압펌프 토출압력 테스트		1			
엔진 오일라인 플러싱(RESURS)	A	1	35,000	35,000	
엔진오일 교환 (RESURS 합성유 5W-30)	A	1	110,000	110,000	
오토밋션 오일라인 세정 및 씰-복원작업	A	1	65,000	65,000	
오토밋션오일 교환 (드라이브모드)합성유	A	1	130,000	130,000	
흡기카본,EGR시스템 크리닝 작업(예열전용 크리닝	A	1	150,000	150,000	
인터쿨러 호스 탈/부 교환 (쿨러-매니)	A	1	25,000	25,000	
인젝터 탈/부 크리닝 및 동와셔교환	A	4	30,000	120,000	
인젝터 탈거 초음파 크리닝		4			
인젝터 벤치 테스트 및 크리닝		4			
인젝터 노줄 홀 가공작업		4			
실린더 헤드 인젝터 장착면 가공작업		4			
연료휠터 어셈블리 탈/부 교환	A	1	100,000	100,000	
연료라인 및 인젝터 크리닝	A	1	25,000	25,000	
연료라인 수분제거 및 트리트먼트	A	1	25,000	25,000	
TBT's 스팀살균에바크리닝	A	1	55,000	55,000	
실내 항균휠터 교환 (프리미엄)	A	1	35,000	35,000	
엔진 나노메탈 복원제 (RESURS 40%)	A	1	55,000	55,000	
오토밋션 나노메탈 복원제 (RESURS AUTO))	A	1	55,000	55,000	
부동액 교환 - 장비순환식 100% 교환	A	1	85,000	85,000	
냉각라인 크리닝		1	35,000	35,000	
냉각성능 개선 및 녹방지제	A	1	25,000	25,000	
브레이크 오일 교환 (DOT4)	A	1	60,000	60,000	
타이어 공기압 / 워셔액 보충 서비스	A	2			

■ 자동차관리법 시행규칙 【별지 제89호의2 서식】 <개정 2014. 10. 6.>

자동차 점검·정비명세서

차 량 소유자	등 록 번 호		차 명(차 종)	싼타페 CM	주행거리	173,300 Km
	등 록 년 월 일	2007-04-27	점검·정비 의뢰일자		2015-06-30	
정 비 사업자	사업자등록번호	503-47-37151	정비업등록번호		01-2704-000666	
	업체명(대표자)	오토1급카센터 (박일랑)	주 소	대구 서구 평리6동 616-23		
				(전화번호 : 053-566-4470)		
	점검·정비완료일자	2015-06-30	출고일자	2015-06-30	정비책임자	윤영길 (서명 또는 인)

점검 · 정비내역		추가정비동의여부	✓ 동의 ☐ 부동의			
작 업 내 용		부 품				공 임
	구 분	수 량	단 가	계		
엔진룸 크리닝 서비스	A	1				
실내 스모그 항균탈취 서비스	A	1				
브레이크전구 교환 (운) 서비스	A	1				
차기 점검 및 수리요망 내역		1				
* 엔진/오토밋션 나노메탈 복원제 2차시공		1				
* 냉각수 정기적인 점검 요망		1				
할 인						-40,000

부 품	1,190,000	공 임		소 계	1,190,000	부가가치세		합 계	1,150,000

「자동차관리법」 제58조 제4항 및 같은 법 시행규칙 제134조 제2항에 따라 위와 같이 발급합니다.

작성자 박일랑 (서명 또는 인)

2015 년 6 월 30 일
대표이사 박일랑 (서명 또는 인)

안내사항

1. 정비업자가 점검·정비의 잘못으로 다음 구분에 따른 기간중 발생하는 고장 등에 대하여는 무상점검·정비를 합니다. (「자동차관리법 시행규칙」 제134조 제1항 제2호).
   가. 차령 1년 미만 또는 주행거리 2만킬로미터 이내의 자동차 : 점검·정비일부터 90일 이내
   나. 차령 3년 미만 또는 주행거리 6만킬로미터 이내의 자동차 : 점검·정비일부터 60일 이내
   다. 차령 3년 이상 또는 주행거리 6만킬로미터 이상의 자동차 : 점검·정비일부터 30일 이내
2. 이 내역서는 2부를 작성, 정비의뢰자에게 1부를 교부하고, 정비사업자는 1부를 1년간 문서 또는 전산자료로 보관하여야 합니다.
3. 부품란의 구분란에는 다음에 따라 기재하여야 합니다.
   가. 자동차 제작사 및 부품업체가 공급하는 신품(자동차 제작사의 경우에는 사후관리용 보증부품을 포함합니다): A
   나. 재제조품: B
   다. 중고품(재생품을 포함합니다) : C
   라. 수입부품 : F
※ 재생정비한 원동기를 부품으로 사용한 경우에는 별지 제92호 서식의 원동기재생정비사실확인서를 첨부하여야 합니다.

210mm×297mm (백상지 80g/㎡)

7-2 트라제XG·CRDI

자동차 점검·정비명세서

carpos

차량 소유자	등 록 번 호		차 명(차 종)	트라제XG CRDI	주행거리	178,000 Km
	소 유 자		주 소		전화	
	등록연월일		점검·정비 의뢰일자	2012-03-20	핸드폰	
정비 사업자	사업자등록번호	503-47-37151	정비업등록번호	대구 제3-21호	전화	053-566-4470
	업체명(대표자)	오토1급카센터	대구 서구 평리6동 616-23			
	점검·정비완료일자	2012-03-20	출고일자	2012-03-20	정비책임자	박일랑 (인)

| 점검 · 정비내역 | | 추가정비동의여부 | | ✔ 동의 | ☐ 부동의 |

작업내용	부품				공임
	구 분	수 량	단 가	계	
고압펌프 앗세이 교환(50만상당) A/S처리	A	1			
스켄데이터 및 고장코드 분석	B	1			
인젝터 리크테스트	B	4			
AFS 성능 테스트 및 크리닝 수리	B	1			
탑-엔진 크리너 시공 (2EA)	B	2			
흡/배기 및 연소실 크리닝(임펙트장비사용)	B	1			
연료라인 수분제거 및 트리트먼트	B	1			
EGR밸브 단품 테스트 및 크리닝 수리	B	1			
엔진 오일라인 플러싱(슬러지 제거)	B	2			
엔진오일 교환(RESURS 100%합성유 5W-30)	B	1			
브레이크 오일 교환 (DOT4)	B	1			
엔진 나노메탈 복원제 (RESURS 40%)	B	1			
오토밋션 나노메탈 복원제 (RESURS AUTO)	B	1			
실내 항균휠터 교환	B	1			
사이드브레이크 조정 서비스	B	1			
타이어 공기압,와샤액 보충 서비스 외.	B	3			
실내 스모그항균탈취 및 청소 서비스		2			

| 소 계 | | V A T | | 합 계 | |

「자동차관리법」 제58조 제3항 및 같은 법 시행규칙 제134조 제2항에 따라 위와 같이 발급합니다.

2012 년 03 월 20 일

작성자 윤영길   서명   대표이사 박일랑 (인)

1. 장비업자가 점검,정비의 잘못으로 다음 구분에 따른 기간중 발생하는 고장 등에 대하여는 무상 점검·정비를 합니다.
   (「자동차관리법 시행규칙」 제134조 제1항 제2호).
   가. 차령 1년 미만 또는 주행거리 2만킬로미터 이내의 자동차 : 점검·정비일부터 90일 이내
   나. 차령 3년 미만 또는 주행거리 6만킬로미터 이내의 자동차 : 점검·정비일부터 60일 이내
   다. 차령 3년 이상 또는 주행거리 6만킬로미터 이상의 자동차 : 점검·정비일부터 30일 이내

2. 이 내역서는 2부를 작성, 정비의뢰자에게 1부를 교부하고, 정비사업자는 1부를 1년간 보관하여야 합니다.

3. 부품란의 구분란에는 다음에 따라 기재하여야 합니다.
   가. 자동차 제작자가 공급하는 신부품(제재조품 포함) : A
   나. 부품업체가 공급하는 신부품 : B
   다. 중고품(중고재생품 포함) : C
   라. 수입부품 : F

※ 재생정비한 원동기를 부품으로 사용한 경우에는 별지 제92호 서식의 원동기재생정비 사실확인서를 첨부하여야 합니다.

210㎜×297㎜

7-3 쏘렌토

자동차 점검·정비명세서

차 량 소유자	등 록 번 호		차 명(차 종)	쏘렌토	주행거리	139,000 Km
	소 유 자		주 소		전화	
	등 록 연 월 일		점검·정비 의뢰일자	2012-02-27	핸드폰	

정 비 사업자	사업자등록번호	503-47-37151	정비업등록번호	대구 제3-21호	전화	053-566-4470
	업체명(대표자)	오토1급카센터		대구 서구 평리6동 616-23		
	점검·정비완료일자	2012-02-27	출고일자	2012-02-27	정비책임자	박일랑 (인)

점검 · 정비내역   추가정비동의여부   ☑ 동의   ☐ 부동의

작 업 내 용	부품 구분	수량	단가	계	공 임
오일라인 플러싱 (레스루스2EA)	B	2			
엔진오일 교환 (KIXX-TURBO RV)	B	1			
브레이크 오일 교환 (DOT4)	B	2			
파워스티어링 오일 교환(장비순환)	B	1			
파워스티어링 성능 개선제	B	1			
흡/배기 및 연소실 크리닝	B	2			
연료휠터 교환(카트리지)보쉬정품	A	1			
연료라인 수분제거 및 트리트먼트	B	1			
실내 항균휠터 교환	B	1			
엔진 나노메탈 복원제 (RESURS 40%)	B	1			
오토밋션 나노메탈 복원제 (RESURS AUTO)	B	1			
후진등 전구 교환 서비스	B	1			
흙받이 고정 작업 서비스	B	1			
실내 스모그 항균탈취 서비스	B	1			
워셔액 / 타이어 공기압 점검,보충 서비스	B	1			
소 계	V A T			합 계	

「자동차관리법」 제58조 제3항 및 같은 법 시행규칙 제134조 제2항에 따라 위와 같이 발급합니다.

2012 년 02 월 27 일

작성자 윤영길   서명   대표이사 박일랑 (인)

1. 정비업자가 점검,정비의 잘못으로 다음 구분에 따른 기간중 발생하는 고장 등에 대하여는 무상 점검·정비를 합니다.
   (「자동차관리법 시행규칙」 제134조 제1항 제2호)
   가. 차령 1년 미만 또는 주행거리 2만킬로미터 이내의 자동차 : 점검·정비일부터 90일 이내
   나. 차령 3년 미만 또는 주행거리 6만킬로미터 이내의 자동차 : 점검·정비일부터 60일 이내
   다. 차령 3년 이상 또는 주행거리 6만킬로미터 이상의 자동차 : 점검·정비일부터 30일 이내

2. 이 내역서는 2부를 작성, 정비의뢰자에게 1부를 교부하고, 정비사업자는 1부를 1년간 보관하여야 합니다.

3. 부품란의 구분란에는 다음에 따라 기재하여야 합니다.
   가. 자동차 제작자가 공급하는 신부품(제재조품 포함) : A
   나. 부품업체가 공급하는 신부품 : B
   다. 중고품(중고재생품 포함) : C
   라. 수입부품 : F

※ 재생정비한 원동기를 부품으로 사용한 경우에는 별지 제92호 서식의 원동기재생정비 사실확인서를 첨부하여야 합니다.

210mm×297mm
(일반용지 60g/㎡)

7-4 뉴EF쏘나타(LPG)

【별지 제89호의2서식】 <개정 2010.2.18>

자동차 점검·정비명세서

차량 소유자	등록번호		차 명(차 종)	뉴 EF 쏘나타.	주행거리	222,000 Km
	소 유 자		주 소		전화	
	등록연월일		점검·정비 의뢰일자		핸드폰	
정비 사업자	사업자등록번호	503-47-37151	정비업등록번호	대구 제3-21호	전화	053-566-4470
	업체명(대표자)	오토1급카센터	대구 서구 평리6동 616-23			
	점검·정비완료일자	2009-07-25	출고일자	2009-07-25	정비책임자	박일랑 (인)

| 점검 · 정비내역 | | 추가정비동의여부 | ☑ 동의 ☐ 부동의 |

작업내용	부 품				공 임
	구 분	수 량	단 가	계	
HI-DS 스캔데이터 및 고장코드 확인		1			
산소센서 활성화 테스트		1			
베이퍼 라이져 탈/부착 및 오버-홀		1			
베이퍼 라이져 1차실 압력 조정		1			
LPG믹서 탈/부착 및 오버-홀		1			
ISC서보 크리닝		1			
2차 액/기상 솔레노이드 밸브 오버-홀		1			
1, 2차 액/기상 LPG휠터 교환		4			
LPG라인 크리닝		1			
연소실 크리닝 및 피스톤 탑링 복원(엔진		1			
흡기 임펙트 크리닝		1			
LPG 메인 / 슬로우 듀티 조정		1			
배출가스 정밀조정		1			
금속형 엔진 나노메탈 복원제(RESURS40%)		1			
오토밋션 마모 복원제		1			
소 계		V A T		합 계	다음 페이지에 계속...1

「자동차관리법」 제58조 제3항 및 같은 법 시행규칙 제134조 제2항에 따라 위와 같이 발급합니다.

2009 년 07 월 25 일

작성자 박일랑 서명 박일랑

대표이사 박일랑 (인)

1. 정비업자가 점검,정비의 잘못으로 다음 구분에 따른 기간중 발생하는 고장 등에 대하여는 무상 점검·정비를 합니다.
   (「자동차관리법 시행규칙」 제134조 제1항 제2호).
   가. 차령 1년 미만 또는 주행거리 2만킬로미터 이내의 자동차 : 점검·정비일부터 90일 이내
   나. 차령 3년 미만 또는 주행거리 6만킬로미터 이내의 자동차 : 점검·정비일부터 60일 이내
   다. 차령 3년 이상 또는 주행거리 6만킬로미터 이상의 자동차 : 점검·정비일부터 30일 이내

2. 이 내역서는 2부를 작성, 정비의뢰자에게 1부를 교부하고, 정비사업자는 1부를 1년간 보관하여야 합니다.

3. 부품란의 구분란에는 다음에 따라 기재하여야 합니다.
   가. 자동차 제작자가 공급하는 신부품(제재조품 포함) : A
   나. 부품업체가 공급하는 신부품 : B
   다. 중고품(중고재생품 포함) : C
   라. 수입부품 : F

※ 재생정비한 원동기를 부품으로 사용한 경우에는 별지 제92호 서식의 원동기재생정비 사실확인서를 첨부하여야 합니다.

210㎜×297㎜
(일반용지 60g/㎡)

자동차 점검·정비명세서

차 량 소유자	등 록 번 호		차 명(차 종)	뉴 EF 쏘나타.	주행거리	220,000 Km
	소 유 자		주 소		전화	
	등록연월일		점검·정비 의뢰일자		핸드폰	
정 비 사업자	사업자등록번호	503-47-37151	정비업등록번호	대구 제3-21호	전화	053-566-4470
	업체명(대표자)	오토1급카센터	주소	대구 서구 평리6동 616-23		
	점검·정비완료일자	2009-07-25	출고일자	2009-07-25	정비책임자	박일랑 (인)

점검 · 정비내역 | 추가정비동의여부 ☑ 동의 ☐ 부동의

작 업 내 용	부 품				공 임
	구 분	수 량	단 가	계	
오토밋션 성능 개선 및 마모 방지제		1			
브레이크오일교환DOT4)		1			
너클 부싱 교환(후좌/우)		2			
하체 공차체결 작업		1			
휠-얼라이먼트 교정		1			
파워스티어링 오일 교환 (합성유)		1			
파워스티어링 마모방지/성능 개선제		1			
밧데리 교환 (80L)		1			
엔진룸 크리닝					
블로워 모터 탈/부착 및 크리닝					
실내 스모그 항균 탈취					
에어컨 가스 주입/냉동오일 포함					
에어컨 컨덴셔 세척					
휠 세척 및 타이어 광택					
** 차기 점검 및 수리요망 내역**					
엔진/밋션 나노메탈복원제 2차시공					
전드럼 연마작업/라이닝교환					
정/전압 안정화 시스템					
소 계	V A T		합 계		

「자동차관리법」 제58조 제3항 및 같은 법 시행규칙 제134조 제2항에 따라 위와 같이 발급합니다.

작성자 박일랑 (서명하는)　　　　　　　　2009 년　07 월　25 일

대표이사　박일랑 (인)

1. 정비업자가 점검,정비의 잘못으로 다음 구분에 따른 기간중 발생하는 고장 등에 대하여는 무상 점검·정비를 합니다.
(「자동차관리법 시행규칙」 제134조 제1항 제2호).
　가. 차령 1년 미만 또는 주행거리 2만킬로미터 이내의 자동차 : 점검·정비일부터 90일 이내
　나. 차령 3년 미만 또는 주행거리 6만킬로미터 이내의 자동차 : 점검·정비일부터 60일 이내
　다. 차령 3년 이상 또는 주행거리 6만킬로미터 이상의 자동차 : 점검·정비일부터 30일 이내

2. 이 내역서는 2부를 작성, 정비의뢰자에게 1부를 교부하고, 정비사업자는 1부를 1년간 보관하여야 합니다.

3. 부품란의 구분란에는 다음에 따라 기재하여야 합니다.
　가. 자동차 제작자가 공급하는 신부품(제재조품 포함) : A
　나. 부품업체가 공급하는 신부품 : B
　다. 중고품(중고재생품 포함) : C
　라. 수입부품 : F

※ 재생정비한 원동기를 부품으로 사용한 경우에는 별지 제92호 서식의 원동기재생정비 사실확인서를 첨부하여야 합니다.

7-5 EF쏘나타

【별지 제89호의2서식】 <개정 2010.2.18>

자동차 점검·정비명세서

차량 소유자	등 록 번 호		차 명(차 종)	쏘나타EF (뉴)	주행거리	111,000 Km
	소 유 자		주 소		전화	
	등 록 연 월 일		점검·정비 의뢰일자	2012-03-19	핸드폰	
정비 사업자	사업자등록번호	503-47-37151	정비업등록번호	대구 제3-21호	전화	053-566-4470
	업체명(대표자)	오토1급카센터	주소	대구 서구 평리6동 616-23		
	점검·정비완료일자	2012-03-19	출고일자	2012-03-19	정비책임자	박일랑 (인)

점검 · 정비내역 / 추가정비동의여부 [✓] 동의 [ ] 부동의

작업내용	부품				공임
	구 분	수 량	단 가	계	
- 엔진소음, 출력부족, 변속이상 -					
파워펌프 어셈블리 교환	A	1			
파워스티어링 오일 교환	B	1			
휀 텐션 베어링 교환	A	1			
휀벨트SET 교환	B	2			
파워스티어링 보호제	B	1			
엔진 오일라인 플러싱(장비순환식)	B	1			
잔류오일 제거 및 오일 퍼포먼스 작업	B	1			
엔진오일 교환(RESURS 100%합성유 5W-40)	B	1			
브레이크 오일 교환 (DOT4)	B	1			
연료라인 및 인젝터 크리닝	B	1			
흡기 카본 크리닝(탑-엔진크리너)	B	1			
엔진 파워튠업 (연소실 크리닝)	B	4			
실내 항균휠터 교환	B	1			
타이어공기압,와샤액,부동액보충 서비스 외	B	3			
엔진룸 크리닝 서비스		1			
실내 스모그 항균탈취 서비스		1			
차기 배터리 교환 요망					
소 계	V A T		합 계		

「자동차관리법」 제58조 제3항 및 같은 법 시행규칙 제134조 제2항에 따라 위와 같이 발급합니다.

2012 년 03 월 19 일

작성자 박일랑 (서명)

대표이사 박일랑 (인)

1. 장비업자가 점검,정비의 잘못으로 다음 구분에 따른 기간중 발생하는 고장 등에 대하여는 무상 점검·정비를 합니다.
   (「자동차관리법 시행규칙」 제134조 제1항 제2호).
   가. 차령 1년 미만 또는 주행거리 2만킬로미터 이내의 자동차 : 점검·정비일부터 90일 이내
   나. 차령 3년 미만 또는 주행거리 6만킬로미터 이내의 자동차 : 점검·정비일부터 60일 이내
   다. 차령 3년 이상 또는 주행거리 6만킬로미터 이상의 자동차 : 점검·정비일부터 30일 이내

2. 이 내역서는 2부를 작성, 정비의뢰자에게 1부를 교부하고, 정비사업자는 1부를 1년간 보관하여야 합니다.

3. 부품란의 구분란에는 다음에 따라 기재하여야 합니다.
   가. 자동차 제작자가 공급하는 신부품(제재조품 포함) : A
   나. 부품업체가 공급하는 신부품 : B
   다. 중고품(중고재생품 포함) : C
   라. 수입부품 : F

※ 재생정비한 원동기를 부품으로 사용한 경우에는 별지 제92호 서식의 원동기재생정비 사실확인서를 첨부하여야 합니다.

■ 자동차관리법 시행규칙 【별지 제89호의2 서식】 <개정 2014. 10. 6.>

자동차 점검·정비명세서

차량 소유자	등 록 번 호		차 명(차 종)	엑스트렉	주행거리	141,000 Km
	등 록 년 월 일		점검·정비 의뢰일자		2015-03-16	

정 비 사업자	사업자등록번호	503-47-37151	정비업등록번호	01-2704-000666	
	업체명(대표자)	오토1급카센터 (박일랑)	주 소	대구 서구 평리6동 616-23 (전화번호 : 053-566-4470)	
	점검·정비완료일자	2015-03-16	출고일자	2015-03-16	정비책임자	윤영길	(서명 또는

점검 · 정비내역	추가정비동의여부	✓ 동의	☐ 부동의

작 업 내 용	구 분	수 량	단 가	계	공 임
* 엔진진동,매연과다 입고 *		1			
흡기카본, EGR시스템 크리닝 작업(예열전용 크리닝)		1			
연료라인 및 인젝터 크리너	A	1			
연료라인 수분제거 및 트리트먼트	A	1			
실내 항균휠터 교환 (프리미엄)	A	1			
에바 크리닝 작업	A	1			
엔진 나노메탈 복원제 (RESURS 40%)	A	1			
오토밋션 나노메탈 복원제 (RESURS AUTO)	A	1			
스캔데이터 점검 및 ECU초기화		1			
엔진룸 세척 / 광택 서비스		1			
타이어 공기압 / 워셔액 보충 서비스	A	1			
** 차기 점검 및 수리요망 내역 **		1			
* 인젝터 탈/부 크리닝 및 동와셔 교환	A	1			
할 인					

부 품		공 임		소 계		부가가치세		합 계	

「자동차관리법」 제58조 제4항 및 같은 법 시행규칙 제134조 제2항에 따라 위와 같이 발급합니다.

작성자 박일랑 (서명 또는 인)

2015 년 3 월 16 일
대표이사 박일랑 (서명

안내사항

1. 정비업자가 점검·정비의 잘못으로 다음 구분에 따른 기간중 발생하는 고장 등에 대하여는 무상점검·정비를 합니다.
   (「자동차관리법 시행규칙」 제134조 제1항 제2호).
   가. 차령 1년 미만 또는 주행거리 2만킬로미터 이내의 자동차 : 점검·정비일부터 90일 이내
   나. 차령 3년 미만 또는 주행거리 6만킬로미터 이내의 자동차 : 점검·정비일부터 60일 이내
   다. 차령 3년 이상 또는 주행거리 6만킬로미터 이상의 자동차 : 점검·정비일부터 30일 이내
2. 이 내역서는 2부를 작성, 정비의뢰자에게 1부를 교부하고, 정비사업자는 1부를 1년간 문서 또는 전산자료로 보관하여야 합니다.
3. 부품란의 구분란에는 다음에 따라 기재하여야 합니다.
   가. 자동차 제작사 및 부품업체가 공급하는 신품(자동차 제작사의 경우에는 사후관리용 보증부품을 포함합니다): A
   나. 재제조품: B
   다. 중고품(재생품을 포함합니다) : C
   라. 수입부품: F
※ 재생정비한 원동기를 부품으로 사용한 경우에는 별지 제92호 서식의 원동기재생정비사실확인서를 첨부하여야 합니다.

7-7 SM520

【별지 제89호의2서식】 <개정 2010.2.18>

자동차 점검·정비명세서

차량 소유자	등 록 번 호		차 명(차 종)	SM5.2.0 DOHC	주행거리	188,100 Km
	소 유 자		주 소		전화	
	등록연월일		점검·정비 의뢰일자		핸드폰	

정비 사업자	사업자등록번호	503-47-37151	정비업등록번호	대구 제3-21호	전화	053-566-4470
	업체명(대표자)	오토1급카센터	주소	대구 서구 평리6동 616-23		
	점검·정비완료일자	2009-08-26	출고일자	2009-08-26	정비책임자	박일랑 (인)

점검 · 정비내역 / 추가정비동의여부 ☑ 동의 ☐ 부동의

작업내용	부품 구분	부품 수량	부품 단가	부품 계	공임
실린더 헤드가스켓					
크랭크 리테이너 교환					
엔진오일 1통					
부동액 완충					
냉각성능 개선 및 녹방지제					
실린더 헤드 면가공					
연소실 크리닝 및 피스톤 탑링 복원					
엔진 나노메탈 복원제 시공		1			
팬벨트 셋트 교환		1			
베이퍼 라이져 탈/부착 및 교환		1			
베이퍼라이져 1차실 압력 점검 및 조정		1			
LPG 라인 크리닝		1			
배출가스 정밀조정		1			
LPG 메인 / 슬로우 듀티 조정		1			
실린더 헤드 탈/부착 및 작업공임					
스캔데이터 및 고장코드 확인					
산소센서 활성화 테스트					
실내 스모그 항균 탈취 시공					
엔진룸 크리닝					

소 계		V A T		합 계	

「자동차관리법」 제58조 제3항 및 같은 법 시행규칙 제134조 제2항에 따라 위와 같이 발급합니다.

2009 년 08 월 26 일

작성자 박일랑 (서명)   대표이사 박일랑 (인)

1. 장비업자가 점검,정비의 잘못으로 다음 구분에 따른 기간중 발생하는 고장 등에 대하여는 무상 점검·정비를 합니다.
   (「자동차관리법 시행규칙」 제134조 제1항 제2호).
   가. 차령 1년 미만 또는 주행거리 2만킬로미터 이내의 자동차 : 점검·정비일부터 90일 이내
   나. 차령 3년 미만 또는 주행거리 6만킬로미터 이내의 자동차 : 점검·정비일부터 60일 이내
   다. 차령 3년 이상 또는 주행거리 6만킬로미터 이상의 자동차 : 점검·정비일부터 30일 이내

2. 이 내역서는 2부를 작성, 정비의뢰자에게 1부를 교부하고, 정비사업자는 1부를 1년간 보관하여야 합니다.

3. 부품란의 구분란에는 다음에 따라 기재하여야 합니다.
   가. 자동차 제작자가 공급하는 신부품(제재조품 포함) : A
   나. 부품업체가 공급하는 신부품 : B
   다. 중고품(중고재생품 포함) : C
   라. 수입부품 : F

【별지 제89호의2서식】 <개정 2010.2.18>

자동차 점검·정비명세서

차 량 소유자	등록번호		차 명(차 종)		그랜져 XG.Q30	주행거리		154,400 Km
	소 유 자		주 소				전화	
	등록연월일		점검·정비 의뢰일자		2010-06-15		핸드폰	
정 비 사업자	사업자등록번호	503-47-37151	정비업등록번호		대구 제3-21호		전화	053-566-4470
	업체명(대표자)	오토1급카센터	주소		대구 서구 평리6동 616-23			
	점검·정비완료일자	2010-06-15	출고일자		2010-06-15		정비책임자	박일랑 (인)

점검 · 정비내역 　　　　　　　　　　추가정비동의여부　　　　☑ 동의　　☐ 부동의

작 업 내 용	부 품				공 임
	구 분	수 량	단 가	계	
엔진오일라인 임펙트플러싱(장비40분)	B				
엔진오일 교환 (10PLUS M 5W40)	A	1			
흡기/연소실컨디셔너시공	B				
부동액교환(3회휀굼)	B				
냉각성능 개선 및 녹방지제	B				
파워고압호스교환/파워오일	A				
플러그배선교환기술료	A				
밸브커버가스켓교환	A	2			
오토미션플러싱/씰복원	A				
오토미션오일교환	B				
오토밋션 나노메탈 복원제 (RESURS AUTO)	B	1			
브레이크 오일 교환 (DOT4)	B	1			
소 계		V A T		합 계	

「자동차관리법」 제58조 제3항 및 같은 법 시행규칙 제134조 제2항에 따라 위와 같이 발급합니다.

2010 년 06 월 15 일

작성자 윤명길　　　서명　　　　　　　대표이사　박일랑 (인)

1. 장비업자가 점검,정비의 잘못으로 다음 구분에 따른 기간중 발생하는 고장 등에 대하여는 무상 점검·정비를 합니다. (「자동차관리법 시행규칙」 제134조 제1항 제2호).
   가. 차령 1년 미만 또는 주행거리 2만킬로미터 이내의 자동차 : 점검·정비일부터 90일 이내
   나. 차령 3년 미만 또는 주행거리 6만킬로미터 이내의 자동차 : 점검·정비일부터 60일 이내
   다. 차령 3년 이상 또는 주행거리 6만킬로미터 이상의 자동차 : 점검·정비일부터 30일 이내

2. 이 내역서는 2부를 작성, 정비의뢰자에게 1부를 교부하고, 정비사업자는 1부를 1년간 보관하여야 합니다.

3. 부품란의 구분란에는 다음에 따라 기재하여야 합니다.
   가. 자동차 제작자가 공급하는 신부품(제재조품 포함) : A
   나. 부품업체가 공급하는 신부품 : B
   다. 중고품(중고재생품 포함) : C
   라. 수입부품 : F

※ 재생정비한 원동기를 부품으로 사용한 경우에는 별지 제92호 서식의 원동기재생정비 사실확인서를 첨부하여야 합니다.

7-9 아반떼XD(린번)

【별지 제89호의2서식】 <개정 2010.2.18>

자동차 점검·정비명세서

carpos

차량 소유자	등 록 번 호		차 명(차 종)	아반떼 XD	주행거리	151,800 Km
	소 유 자		주 소		전화	
	등록연월일		점검·정비 의뢰일자	2011-10-04	핸드폰	
정 비 사업자	사업자등록번호	503-47-37151	정비업등록번호	대구 제3-21호	전화	053-566-4470
	업체명(대표자)	오토1급카센터	주소	대구 서구 평리6동 616-23		
	점검·정비완료일자	2011-10-04	출고일자	2011-10-04	정비책임자	박일랑 (인)

점검 · 정비내역 　　　추가정비동의여부　　[✓] 동의　　[ ] 부동의

작업내용	부품				공 임
	구 분	수 량	단 가	계	
- 아이들 헌팅발생 -					
고장코드 확인 및 스캔데이터 분석		1			
HI-DS 점화 2차파형 테스트/코일성능점검		1			
HI-DS CKP / CMP 동기파형 테스트		1			
HI-DS 밸브파형 정밀분석		1			
HI-DS 인젝터 분사파형 및 제어오류 점검		1			
HI-DS 엔진 정밀압축압력 테스트		1			
HI-DS 기계적 엔진 타이밍 점검		1			
로커암 커버 탈/부 밸브상태 점검		1			
엔진 정밀진단 기술료		1			
EGR 밸브 탈/부 크리닝 및 수리	B	1			
흡/배기계통 크리닝	B	1			
ISC서보 탈/부 크리닝	B	1			
흡입밸브 임펙트 장비 크리닝 0.5h		1			
엔진 연소실 크리닝 및 밸런스 개선작업	B	1			
소 계		V A T		합 계	다음 페이지에 계속...1

「자동차관리법」 제58조 제3항 및 같은 법 시행규칙 제134조 제2항에 따라 위와 같이 발급합니다.

2011 년 10 월 04 일

작성자 박일랑　　서명　　　　　　　대표이사 박일랑 (인)

1. 정비업자가 점검,정비의 잘못으로 다음 구분에 따른 기간중 발생하는 고장 등에 대하여는 무상 점검·정비를 합니다.
 (「자동차관리법 시행규칙」 제134조 제1항 제2호).
 　가. 차령 1년 미만 또는 주행거리 2만킬로미터 이내의 자동차 : 점검·정비일부터 90일 이내
 　나. 차령 3년 미만 또는 주행거리 6만킬로미터 이내의 자동차 : 점검·정비일부터 60일 이내
 　다. 차령 3년 이상 또는 주행거리 6만킬로미터 이상의 자동차 : 점검·정비일부터 30일 이내

2. 이 내역서는 2부를 작성, 정비의뢰자에게 1부를 교부하고, 정비사업자는 1부를 1년간 보관하여야 합니다.

3. 부품란의 구분란에는 다음에 따라 기재하여야 합니다.
 　가. 자동차 제작자가 공급하는 신부품(제재조품 포함) : A
 　나. 부품업체가 공급하는 신부품 : B
 　다. 중고품(중고재생품 포함) : C
 　라. 수입부품 : F

※ 재생정비한 원동기를 부품으로 사용한 경우에는 별지 제92호 서식의 원동기재생정비 사실확인서를 첨부하여야 합니다.

210mm×297mm
(일반용지 60g/㎡)

자동차 점검·정비명세서

carpos

차량 소유자	등 록 번 호		차 명(차 종)	아반떼 XD	주행거리	151,800 Km
	소 유 자		주 소		전화	
	등 록 연 월 일		점검·정비 의뢰일자	2011-10-04	핸드폰	
정비 사업자	사업자등록번호	503-47-37151	정비업등록번호	대구 제3-21호	전화	053-566-4470
	업체명(대표자)	오토1급카센터	주소	대구 서구 평리6동 616-23		
	점검·정비완료일자	2011-10-04	출고일자	2011-10-04	정비책임자	박일랑 (인)

점검 · 정비내역   추가정비동의여부   [✓] 동의   [ ] 부동의

작 업 내 용	부 품				공 임
	구 분	수 량	단 가	계	
연료라인 및 인젝터 크리닝	B	1			
오일라인 플러싱 (레스루스+탑-엔진크리너)		1			
엔진오일 교환[합성유/76 SUPER 5W-30]		1			
브레이크 오일 교환 (DOT4)		1			
펑크 수리 서비스					
오일펜 콕크 수리 서비스					
엔진룸 크리닝 서비스					
실내 스모그 항균탈취 서비스					
** 차기 점검 및 수리요망 내역 **					
* 최소 년 1회이상 엔진 및 연료라인세정요					
* 쇼바 마운트 교환(전/좌,우)					
* 휠-얼라이먼트 교정					
* 엔진 나노메탈 복원제					
* 오토밋션 나노메탈 복원제					

소 계		V A T		합 계	

「자동차관리법」 제58조 제3항 및 같은 법 시행규칙 제134조 제2항에 따라 위와 같이 발급합니다.

작성자 박일랑 (서명 박일랑)   2011 년 10 월 04 일

대표이사 박일랑 (인)

1. 정비업자가 점검,정비의 잘못으로 다음 구분에 따른 기간중 발생하는 고장 등에 대하여는 무상 점검·정비를 합니다.
   (「자동차관리법 시행규칙」 제134조 제1항 제2호).
   가. 차령 1년 미만 또는 주행거리 2만킬로미터 이내의 자동차 : 점검·정비일부터 90일 이내
   나. 차령 3년 미만 또는 주행거리 6만킬로미터 이내의 자동차 : 점검·정비일부터 60일 이내
   다. 차령 3년 이상 또는 주행거리 6만킬로미터 이상의 자동차 : 점검·정비일부터 30일 이내

2. 이 내역서는 2부를 작성, 정비의뢰자에게 1부를 교부하고, 정비사업자는 1부를 1년간 보관하여야 합니다.

3. 부품란의 구분란에는 다음에 따라 기재하여야 합니다.
   가. 자동차 제작자가 공급하는 신부품(제재조품 포함) : A
   나. 부품업체가 공급하는 신부품 : B
   다. 중고품(중고재생품 포함) : C
   라. 수입부품 : F

※ 재생정비한 원동기를 부품으로 사용한 경우에는 별지 제92호 서식의 원동기재생정비 사실확인서를 첨부하여야 합니다.

210㎜×297㎜
(일반용지 60g/㎡)

7-10 BMW750

【별지 제89호의2서식】 <개정 2010.2.18>

자동차 점검·정비명세서

차량 소유자	등 록 번 호		차 명(차 종)		BMW	주행거리	99,300 Km
	소 유 자		주 소			전화	
	등 록 연 월 일		점검·정비 의뢰일자		2011-05-18	핸드폰	

정 비 사업자	사업자등록번호	503-47-37151	정비업등록번호	대구 제3-21호	전화	053-566-4470
	업체명(대표자)	오토1급카센터	주소	대구 서구 평리6동 616-23		
	점검·정비완료일자	2011-05-18	출고일자	2011-05-18	정비책임자	박일랑 (인)

점검 · 정비내역   추가정비동의여부   ☑ 동의   ☐ 부동의

작업내용	부품				공 임
	구 분	수 량	단 가	계	
엔진 파워튠업	B	4			
오일라인 세정 및 씰-복원 작업	B	4			
엔진오일/오일휠터교환(100% 합성유)	B	2			
엔진 나노메탈 복원제 (RESURS 30%)	B	4			
메탈 윤활보호제	B	2			
엔진 압축 복원제	B	2			
휘발유 주입		1			
시공 기술료					
소 계		VAT		합 계	

「자동차관리법」 제58조 제3항 및 같은 법 시행규칙 제134조 제2항에 따라 위와 같이 발급합니다.

2011 년 05 월 18 일

작성자 박일랑   서명 박일랑   대표이사 박일랑 (인)

1. 정비업자가 점검,정비의 잘못으로 다음 구분에 따른 기간중 발생하는 고장 등에 대하여는 무상 점검·정비를 합니다.
 (「자동차관리법 시행규칙」 제134조 제1항 제2호).
   가. 차령 1년 미만 또는 주행거리 2만킬로미터 이내의 자동차 : 점검·정비일부터 90일 이내
   나. 차령 3년 미만 또는 주행거리 6만킬로미터 이내의 자동차 : 점검·정비일부터 60일 이내
   다. 차령 3년 이상 또는 주행거리 6만킬로미터 이상의 자동차 : 점검·정비일부터 30일 이내

2. 이 내역서는 2부를 작성, 정비의뢰자에게 1부를 교부하고, 정비사업자는 1부를 1년간 보관하여야 합니다.

3. 부품란의 구분란에는 다음에 따라 기재하여야 합니다.
   가. 자동차 제작자가 공급하는 신부품(제재조품 포함) : A
   나. 부품업체가 공급하는 신부품 : B
   다. 중고품(중고재생품 포함) : C
   라. 수입부품 : F

※ 재생정비한 원동기를 부품으로 사용한 경우에는 별지 제92호 서식의 원동기재생정비 사실확인서를 첨부하여야 합니다.

210㎜×297㎜
(일반용지 60g/㎡)

【별지 제89호의2서식】 <개정 2010.2.18>

자동차 점검·정비명세서

carpos

차량 소유자	등록번호		차 명(차 종)	렉서스	주행거리	68,229 Km
	소 유 자		주 소		전화	
	등록연월일		점검·정비 의뢰일자	2010-11-07	핸드폰	
정비 사업자	사업자등록번호	503-47-37151	정비업등록번호	대구 제3-21호	전화	053-566-4470
	업체명(대표자)	오토1급카센터	주소	대구 서구 평리6동 616-23		
	점검·정비완료일자	2010-11-07	출고일자	2010-11-07	정비책임자	박일랑 (인)

점검 · 정비내역   추가정비동의여부   ☑ 동의 ☐ 부동의

작업 내용	부품				공 임
	구 분	수 량	단 가	계	
– 엔진오일소모 및 백연발생 180Km-1.5리터					
엔진오일소모수리 및 헤드플러쉬	B	1			
플러그 탈거 연소실 크리닝		1			
플러그 전극 크리닝		3			
1차 헤드플러싱 작업(임펙트장비 사용)	B	1			
1차 잔류오일 제거 및 오일 퍼포먼스 작업	B	1			
탑-엔진 크리너 3EA	B	3			
2차 오일라인플러싱 작업(임펙트장비 사용)	B	1			
2차 잔류오일 제거 및 오일 퍼포먼스 작업	B	1			
밸브커버 /오일펜 탈부 크리닝		1			
엔진오일 교환 (KIXX-GA)	B	1			
3차 엔진 씰–복원 및 오일라인 플러싱 작업	B	1			
3차 잔류오일 제거 및 오일 퍼포먼스 작업	B	1			
오일펜 탈거 세정 및 스트레이너 크리닝		1			
엔진오일(AMALIE Elixir 5W50)100%합성유	B	1			
엔진 나노메탈 복원제 (RESURS 30%) 2EA	B	2			
메탈 보호 및 트리트먼트제 시공	B	1			
엔진 압축개선제(오일–스테빌라이저)시공	B	1			
리모컨 키 수리		1			
엔진룸 크리닝		1			
*** 차기 엔진오일 교환은 1.000KM내 ***		1			

소 계		V A T		합 계	

「자동차관리법」 제58조 제3항 및 같은 법 시행규칙 제134조 제2항에 따라 위와 같이 발급합니다.

2010 년 11 월 07 일

작성자 박일랑   (서명)

대표이사 박일랑 (인)

1. 정비업자가 점검,정비의 잘못으로 다음 구분에 따른 기간중 발생하는 고장 등에 대하여는 무상 점검·정비를 합니다.
   (「자동차관리법 시행규칙」 제134조 제1항 제2호).
   가. 차령 1년 미만 또는 주행거리 2만킬로미터 이내의 자동차 : 점검·정비일부터 90일 이내
   나. 차령 3년 미만 또는 주행거리 6만킬로미터 이내의 자동차 : 점검·정비일부터 60일 이내
   다. 차령 3년 이상 또는 주행거리 6만킬로미터 이상의 자동차 : 점검·정비일부터 30일 이내

2. 이 내역서는 2부를 작성, 정비의뢰자에게 1부를 교부하고, 정비사업자는 1부를 1년간 보관하여야 합니다.

3. 부품란의 구분란에는 다음에 따라 기재하여야 합니다.
   가. 자동차 제작자가 공급하는 신부품(제재조품 포함) : A

PART.8

정비센터 경영지침과 사례

8-1 자동차 정비수요 감소의 현주소

1) 차량내구성 증대(수입차와 품질, A/S 경쟁)– 입고 주기 연장, 정비물량 감소

2) 운행거리 감소 – 경기침체와 편리한 대중교통 등

3) 제작사 신차판매 경쟁 – 전략적 마케팅 확대와 회원제 사후관리, 중고차 선호도 하락

4) 제작사 자체A/S기간 연장 – 일반수리 감소

5) 정부의 재정지원으로 노후 차 퇴출정책 – 중고차 수출, 특히 노후화 된 경유차 폐차 독려

  – 국가별 탄소배출권 거래제 도입(지구온난화의 주범중 이산화탄소 비중이 가장 높다.)

  – 국가별 배출량 배정에 따라 기업도 규제되므로 에너지절감과 기술개발로 배출량을 줄이거나 여분의 배출권을 구매해야 된다.

6) 장기렌터카 – 정비시장 잠식(현재50만대 가량)

7) 정비업소 환경변화

  – 공급과잉(과당경쟁), 구인난 심화(인건비 상승), 부동산값 상승(임대료 상승)

  – 정비업소 허가제가 아닌 등록제로 창업의 용이성(소자본, 자격기준의 보편성)

8) 전기자동차, 하이브리드, 친환경자동차 보급에 따른 미래 정비물량 구조적 감소 대비

8-2 미래준비를 위한 정비인의 자세

삶과 인생에 있어 행운과 성공은 준비에 비례해서 판가름 난다.
과거-현재-미래는 이어져 있으며 준비를 한다는 것은 현재 충실히 살고 있다는 것이다.
우리는 우리 스스로 운명을 만들고 그것을 운명이라 부른다.(디즈레일리-영국의 정치가)

8 2 1 오너마인드의 진화 필요성

a. 고객감동정비! 명품정비! 의 자부심과 자신감을 가져야 한다.
b. 온라인 및 오프라인의 정비시장 흐름에 대한 이해와 신차정보 및 기술 습득
 -미래 정비시장을 예측하여 미리 기술, 환경, 장비, 인력 등을 준비한다.
c. 입고 시 고객 불편 및 요구사항을 필요 시 고객과 동승하여 최종 시운전으로 재확인한다.
d. 수리 후 불 만족 시 재정비 및 사후 자체 보증 수리를 통한 책임정비 시행!
e. 고객 입장의 차량정비 상담과 정비범위 결정
f. 견적의 종류, 차량 관리 개념정리, 접근방법에 따른 고객 상담
 -기본 견적: 운행을 위한 단순 수리 목적
 -예방정비 견적: 정기적인 소모품 관리, 사전, 우선정비
 -성능개선 견적: 장기적인 차량 운행 예상, 확대견적, 연비개선 작업 등
 -성능복원 견적: 출고 차 기준 대비 차량성능 복원, 튠업 (엔진, 하체, 미션 등)

8 2 2 업소의 경쟁력강화 필요성

a. 신 아이템 정비메뉴 개발과 한발 앞선 기술로 차별화
 -희소성 있는 정비메뉴 특화 및 기술에 대한 연구
b. 수익의 일정금액 재투자 -전문장비 구입, 업소환경 개선, 선 기술교육 경비지출
 -부익부 빈익빈의 한계를 탈출할 수 있는 기회가 된다.
c. 대외홍보, 영업활동
 -간판시안, 자체로고, 정기적인 현수막 교체, 작업장 조명을 밝게 한다.
 -지역 관변단체 활동을 통한 지역봉사, 여론, 인지도를 조성한다.
 -개별업체, 공단, 사무실, 아파트단지 등의 정기적인 영업활동
d. 매력적인 업소 만들기
 -업소간판, 인테리어, 환경개선(고객대기실, 사무실, 화장실), 정기적인 홍보물 설치(계절별)
e. 고객과의 소통, 공감을 통한 고정 단골고객 확보(신뢰도 향상)
 -업소 내에 대표자 및 직원의 개인프로필(약력)게시로 고객과 소통
  (전문분야, 출생지, 출신학교, 자격사항, 포상과 현 활동분야 등 공개)
 -고객관리의 전산화(예방정비 문자발송, 정비이력관리, 출고 후 해피콜, 고객관련 메모 활용)
f. 업소 간 노하우 공유를 통한 모방으로 새로운 것의 재창조 기회로 삼는다.

8 2 3 대 고객 감동서비스의 필요성

a. 업소 자체적 정비견적의 표준가격표(일관성)확보로 고객신뢰도를 확보한다.

b. 점검, 정비내역서 발행(부품가격과 기술료를 분리)

　－입고 시 고객의 정비의뢰내용과 진단과정, 내용을 기재한다.

　－차기수리 및 점검할 내역을 첨부한다.

c. 차량정비 작업에 대한 과정을 사진 출력 배포(점검, 데이터, 서비스 항목 포함)

d. 대 고객서비스에 대한 질적향상을 꾀한다.

　－남, 여 고객 휴게실, 화장실 분리, 안마기, 헬스기구, 고객용 컴퓨터 구비, 각종 음료서비스

　－차량 오염방지용 바닥매트, 차체보호용 비닐커버, 출고 전 실내항균 탈취 서비스 등

e. 대차서비스 －장시간 입고 정비 시, 자체 렌터카(종합보험가입)를 운영한다.

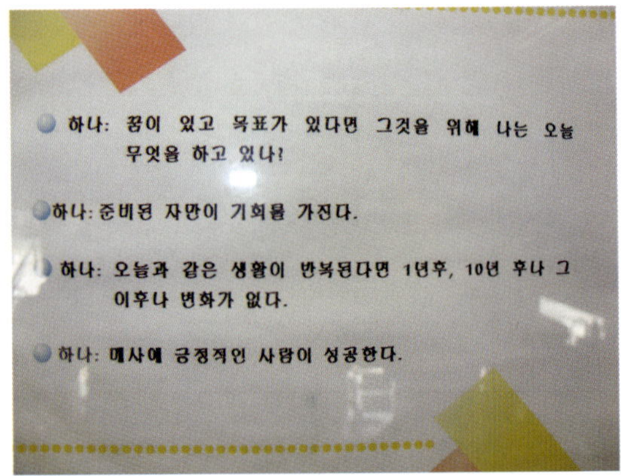

8-3 정비센터 홍보, 운영사례

 충분한 고객 편의시설 확충

고객을 우선으로 영업시간과 고객휴게실(대기실)자동문 설치, 화장실, 부품실, 창고 등 위치를 표시하여 고객편의를 도모하고 음료, 잡지 등을 준비함은 물론 여성오너 고객에 대해 특별히 신경을 쓰도록 한다. 업소경쟁력의 최우선요소는 "업소 차별화 전략" 이다. 동종 경쟁업체와 나는 어떤 차별화를 준비하여 고객에게 주장 할 것인지 고민해야 한다.

영업시간 안내

자동문 설치

잡지, 서적 디스플레이 및 음료자판기

셋트 정비메뉴 홍보

8 3 2 대표자, 직원프로필 게시

대표자와 직원의 프로필(이력서)을 작성해 현장에 게시하여 고객과 공감을 얻고 소통한다.
(전문특기분야, 출생지, 출신학교, 군복무내용, 자격증취득, 경력, 사회활동 내용 등)

대표자프로필

직원프로필

8 3 3 정비과정 사진촬영, 배포 및 사진폴더 보관

입고부터 진단, 수리, 교환, 출고 전 엔진룸 세척서비스 내용까지 사진으로 촬영한다.
디지털 카메라를 여러대 준비하여 입고차량별 촬영카메라를 달리하여 사진이 섞이지 않도록 관리하는 것이 편하다. 사진은 년, 월,
일 별로 쉽게 찾을 수 있도록 폴더를 관리한다.

정비과정 사진촬영용 카메라 구비

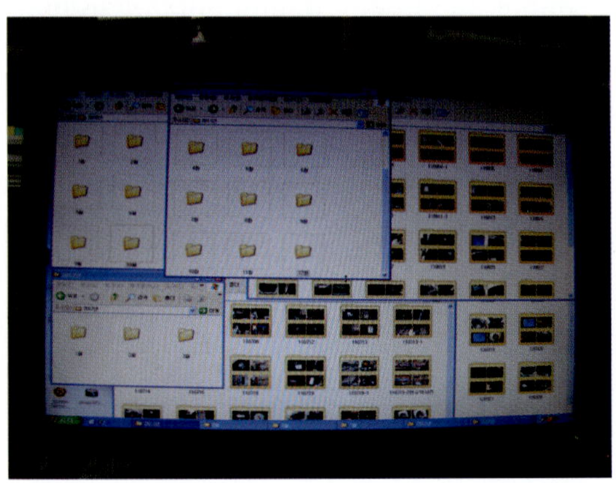

촬영한 사진 폴더보관

전, 후의 실차의 작업사진을 게시하여 고객에게 작업설명 시 활용하며 샘플채취용 오일비교기를 구비하여 차량의 점검결과를 고객과 차량정비 상담, 견적 시 근거자료로 활용한다.

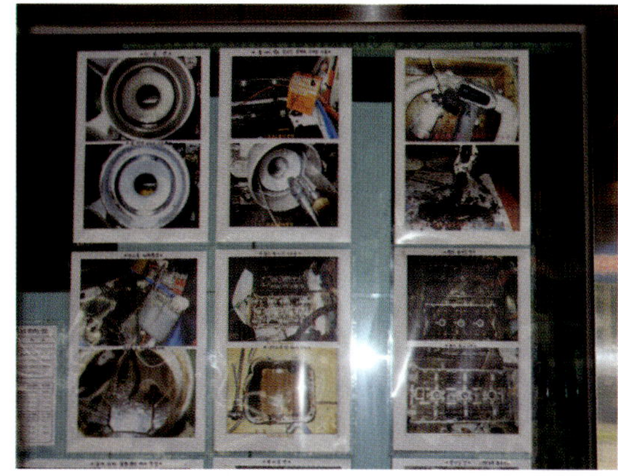

정비, 시공 전·후의 사진 게시

샘플채취용 오일비교기 활용

8 3 5 작업별 맞춤 홍보현수막

고객에 대한 특정 정비작업내용의 필요성에 대해 이해를 돕고 오너교육, 정보학습효과로 자연스럽게 정비문의를 받을 수 있게 현수막을 활용하여 보편, 타당한 작업으로 이미지메이킹 한다.

실내 항균탈취 및 엔진 클리닝

LPG차량 연료계통 수리

냉각수관리 홍보

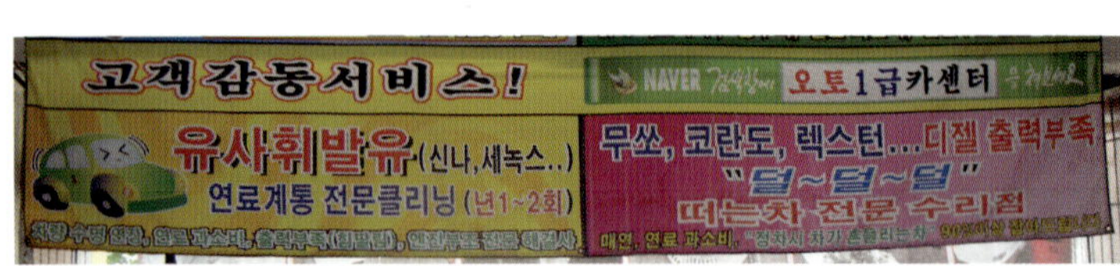

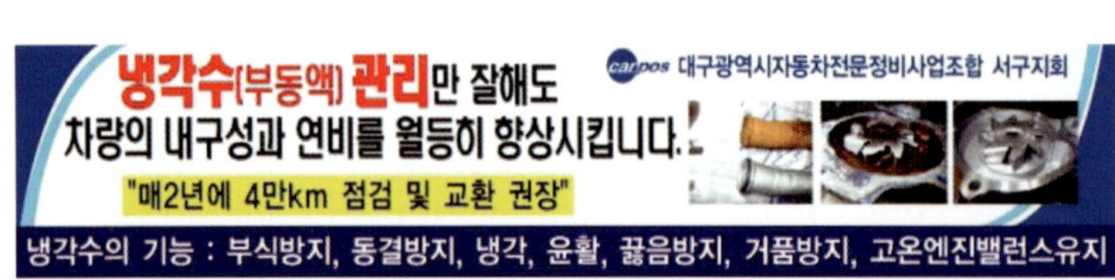

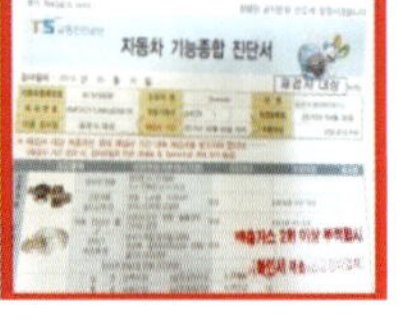

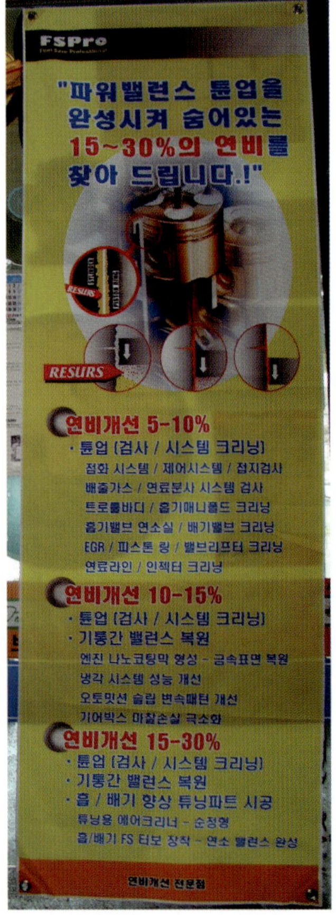

차량 단계별 튜업작업 안내, 효과홍보

차종별 맞춤 홍보현수막

특정 차종에 한해 정비메뉴를 세분화하여 맞춤형 정비 메뉴를 추가적으로 활용한다.

사진스크랩북 제작, 상담활용

차량별, 작업별(CRDI, LPG, 소모품관리, 제동계통 등) 수리의 전 과정을 사진스크랩북으로 제작하여 고객 상담과 설명, 견적서 작성 시 적극 활용하면 작업에 대한 고객의 이해도와 신뢰도를 높일 수 있다.

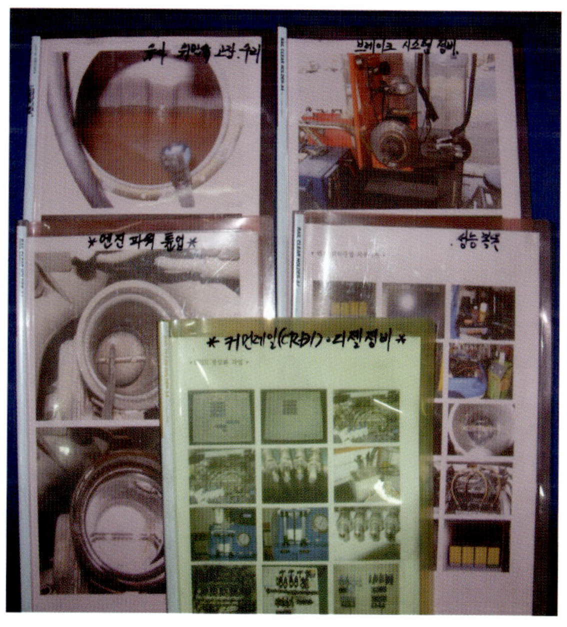

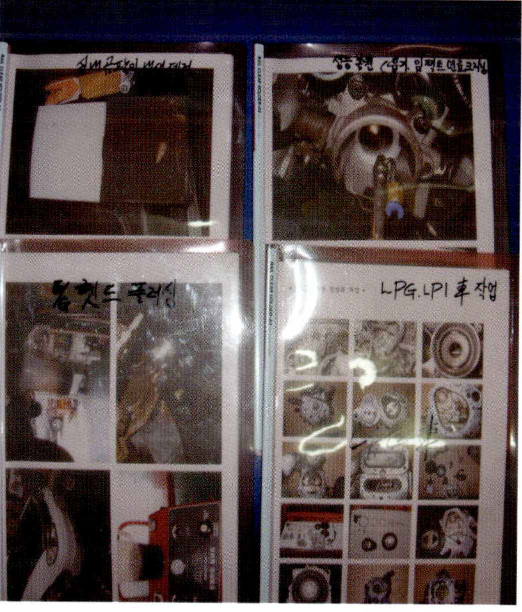

8 3 8 모니터디스플레이를 활용한 고객홍보

현장의 전용모니터를 통해 별도로 정비사례 사진과 동영상을 상시 상영하여 고객에게 홍보하며, CCTV모니터를 통해 작업상황을 사무실에서 지켜 볼 수 있도록 한다.

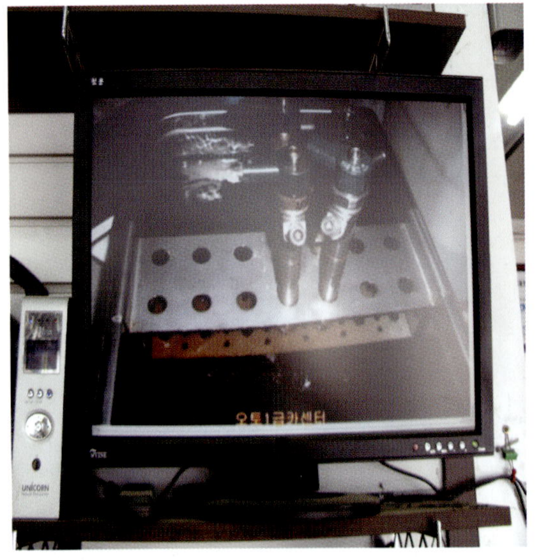

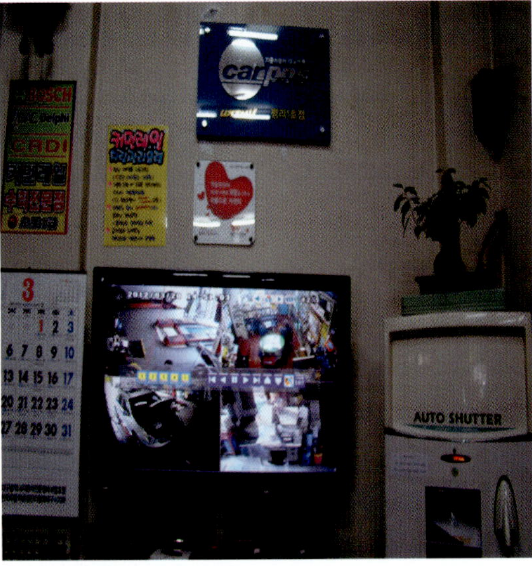

8 3 9 정비표준공임표 게시를 통한 견적획일성

주요정비작업별 공임 및 표준정비시간, 자동차 진단요금 사전 고지를 통한 고객신뢰를 가진다.

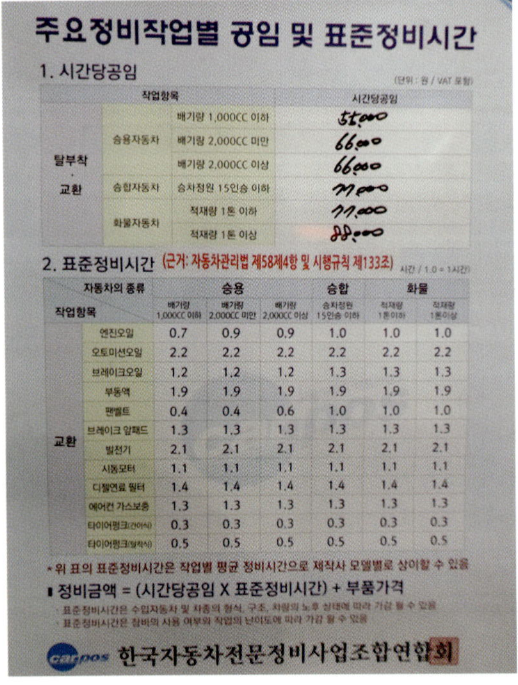

주요정비작업별 공임 및 표준정비시간

1. 시간당공임

(단위 : 원 / VAT 포함)

작업항목			시간당공임
탈부착 · 교환	승용자동차	배기량 1,000CC 이하	55,000
		배기량 2,000CC 미만	66,000
		배기량 2,000CC 이상	66,000
	승합자동차	승차정원 15인승 이하	77,000
	화물자동차	적재량 1톤 이하	77,000
		적재량 1톤 이상	88,000

2. 표준정비시간 (근거: 자동차관리법 제58제4항 및 시행규칙 제133조)

시간 / 1.0 = 1시간

	자동차의 종류	승용			승합	화물	
작업항목		배기량 1,000CC 이하	배기량 2,000CC 미만	배기량 2,000CC 이상	승차정원 15인승 이하	적재량 1톤이하	적재량 1톤이상
교환	엔진오일	0.7	0.9	0.9	1.0	1.0	1.0
	오토미션오일	2.2	2.2	2.2	2.2	2.2	2.2
	브레이크오일	1.2	1.2	1.2	1.3	1.3	1.3
	부동액	1.9	1.9	1.9	1.9	1.9	1.9
	팬벨트	0.4	0.4	0.6	1.0	1.0	1.0
	브레이크 알패드	1.3	1.3	1.3	1.3	1.3	1.3
	발전기	2.1	2.1	2.1	2.1	2.1	2.1
	시동모터	1.1	1.1	1.1	1.1	1.1	1.1
	디젤연료 필터	1.4	1.4	1.4	1.4	1.4	1.4
	에어컨 가스보충	1.3	1.3	1.3	1.3	1.3	1.3
	타이어펑크(간이식)	0.3	0.3	0.3	0.3	0.3	0.3
	타이어펑크(탈착식)	0.5	0.5	0.5	0.5	0.5	0.5

* 위 표의 표준정비시간은 작업별 평균 정비시간으로 제작사 모델별로 상이할 수 있음

■ 정비금액 = (시간당공임 X 표준정비시간) + 부품가격

· 표준정비시간은 수입자동차 및 차종의 형식, 구조, 차량의 노후 상태에 따라 가감 될 수 있음
· 표준정비시간은 장비의 사용 여부와 작업의 난이도에 따라 가감 될 수 있음

carpos 한국자동차전문정비사업조합연합회

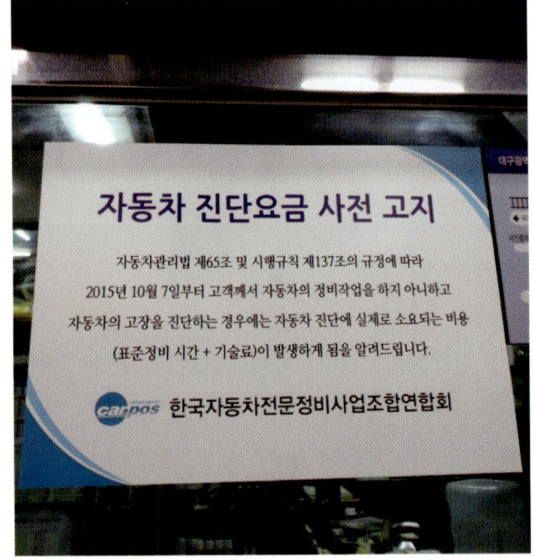

작업과정을 고객이 확인하지 않은 경우 전체수리과정은 물론 작업 전•후 비교사진을 위주로 촬영하여 컬러프린팅으로 점검·정비내역서와 함께 발행하여 믿음서비스의 기초로 활용한다.

중 정비, 장시간 입고 시 고객편의를 위한 대차서비스를 한다.(종합, 영업배상책임보험 가입)

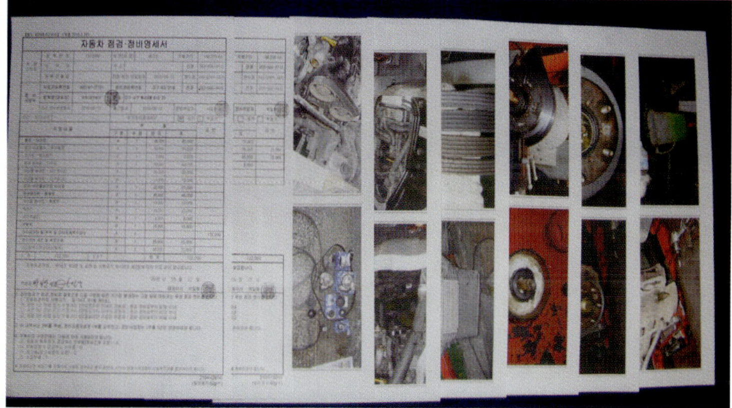

8 3 11　업소 정비상품권 제작, 발행

자체 정비상품권을 제작하여 고객의 정비견적 할인요구 시 발행하여 고객 재방문을 유도한다.

업체판촉행사나 업소홍보 시 활용한다.

8　3　12　고객응대 요령

a. 차량 입고 시
– 고객에 대한 첫 인상인 최초15초(신뢰)가 업소승부(정비사, 견적)를 좌우한다.
– 차량진입 후 문을 열어준다.
– 안녕하십니까? 고객님!
　저희 "000 카센터"를 찾아주셔서 감사합니다.
　무엇을 도와드릴까요?
– 평소 고객님의 호출이 있을 경우 즉각 반응한다.
b. 차량 출고 시
– 해당정비사의 명함을 필히 건네준다.
– 안녕히 가십시오. 고객님!
　저희 "000 카센터"는 고객님의 소중한 차량의 주치의가 되겠습니다!
　언제든지 전화만 주십시오. 감사합니다.^^&
– 인사를 한 후 고객님의 차량이 시야에서 사라질때까지 잠시 머문다.

8　3　13　인터넷카페 개설, 운영

a. 온라인 정비시장의 흐름과 정비메뉴의 다양화, 가격경쟁력, 정보습득이 가능하다.
b. 인터넷 온라인 검색, 노출, 광고 효과로 예약정비를 받을 수 있다.
c. 고객의 입장에서 민원접수 창구 역할을 할 수 있다.
　대기업 프랜차이즈 가맹점은 본사가 있어 고객의 입장에서 민원제기 할 곳 즉, 화풀이 할 곳이 있으나 개인업체의 경우 신뢰성에 한계가 있으므로 인터넷카페는 이를 대신할 수 있다.
d. 정비예약 시 할인, 추가서비스 시행
　정비예약 시 할인, 추가서비스 내용을 구체적인 항목별로 공지하여 특별한 혜택을 줌으로서 정비예약 활성화를 도모하며 정비 업무량을 분산, 작업의 연결성을 가질 수 있으며 꾸준한 매출을 위한 보증수표가 될 수 있다.

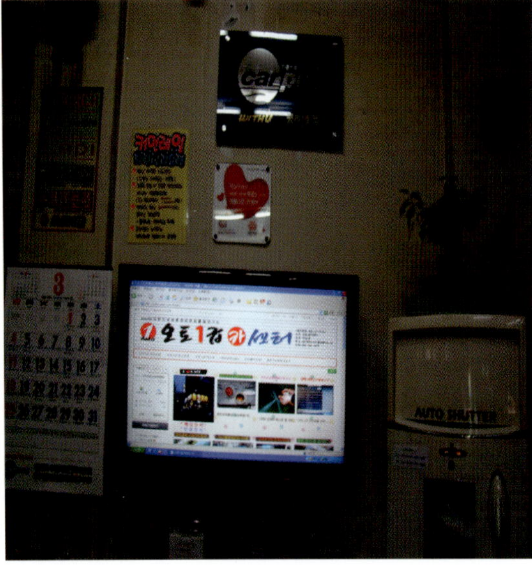

*** "오토1급" 예약정비시 드리는 혜택^^ ***

1. 21개항목 기본점검. 차량상담!

2. 스켄데이터 및 고장코드 확인. 점검!

3. 정기/정밀검사 무료 대행!
   교통안전공단 이현검사소 협력업체 등록
   (평일 : AM09시~PM06시 . 토 : AM09시~PM01시)

4. 스모그 항균/탈취 및 실내 살균 무료시공!
   (차량 실내 공기를 쾌적하게 . . . .)

5. 엔진룸 세척 서비스!

6. 정비공임 10% 할인 또는 소정의 자체 상품권 지급!

7. 수리중 무료대차 서비스!

8. 차계부 증정!

9. CRDI . 디젤차량 엔진밸런스/LPG차량 듀티 점검!

*** 방문시 예약서비스확인 한번더 말씀해주세요^^ ***

정비예약 시 고객서비스 시행

◆쉼터◆

* 누군가 앞서 검증하였던 지나갔던 돌다리는 두드려 보지 않고도 달려가야 따라잡을 수 있다.

* 교육의 효과는 먼저, 모방학습에서 출발하여 창의와 창조물을 만든다.
  특히, 케미컬 튠업 정비는 현실에 안주하지 않는 실험정신이 무엇보다 필요하다.
  케미컬 정비의 응용은 무한하며 앞으로도 업소 정비메뉴에 접목시킬 수 있도록 개인적인 노력이 필요하다.

* 스트레스는 열심히 하지 않았을 때 오는 증상이라 했다.
  미래를 예측하고 준비하는 정비인!
  권익과 행복을 함께 만들어 가는 정비인이 되기를 바라는 마음이다.

8 3 14 업소운영 사례

a. 1호점(평리본점)

b. 2호점(용산점)

안전운행을 위한 점검 및 교환 주기

항목	주행거리	기간
01 엔진오일(오일필터, 에어클리너)	5천km	6개월
02 엔진오일라인 플러싱	수	시
03 엔진 나노메탈복원제 시공	3만km	2년
04 오토/수동미션/데후오일	3만km	2년
05 오토/수동미션/데후 나노메탈복원제 시공	3만km	2년
06 흡기 및 연소실 카본 크리닝	2만km	1년
07 점화 계통 (코일, 배선, 플러그)	4만km	2년
08 타이밍벨트(워터펌프)Set	8만km	5년
09 외부(펜)벨트	3만km	2년
10 부동액, 수온조절기, 물호스	3만km	2년
11 냉각성능개선제/방청제 시공	3만km	2년
12 브레이크패드/라이닝/디스크 연마	3만km	2년
13 브레이크오일	4만km	3년
14 파워스티어링오일	4만km	3년
15 커먼레일 인젝터크리닝, 동와샤교체	4만km	3년
16 발전기, 시동모터 성능	4만km	3년
17 연료필터	3만km	2년
18 연료첨가제(라인세정제, 수분제거제)	1만km	1년
19 엔진마운트, 크로스멤버부싱	5만km	4년
20 쇽업쇼버, 로우암/어퍼암 및 각종부싱	6만km	4년
21 스테빌라이져 부싱, 링크	4만km	3년
22 등속조인트, 휠 허브베어링	4만km	3년
23 휠얼라인먼트, 타이어 공기압/마모상태	수	시
24 배터리 및 터미널, 접지전압	4만km	3년
25 전조등, 브레이크등, 미등, 후진등	수	시
26 에어컨가스(냉동오일)	3만km	2년
27 실내항균필터(실내냄새제거)	1만km	6개월
28 워셔액, 와이퍼블레이드, 스캔데이터 진단	수	시

자동차 정비 중요 포인트

CRDI(커먼레일)차량의 출력이부족하다?
▶ 흡기 및 연소실 카본 크리닝, 인젝터 수리 및 크리닝, 연료필터 교환, 연료 수분제거제 및 트리트먼트 주입, 연료라인/에어플로센서/EGR시스템/터보/고압펌프 점검

LPG, LPI 차량의 연비, 출력이 부족하다?
▶ 흡기 및 연소실 카본 크리닝, LPG/LPI 전용필터 교환, 액/기상솔레노이드밸브, 기화기오버홀, 1차실압력조정, 산소센서 전압측정 및 메인듀티 정밀조정, LPI인젝터 크리닝

연료 소비가 많아 졌다?
▶ 흡기 및 연소실 카본 크리닝, 엔진 정밀진단, 엔진튠업, 산소센서 점검, 인젝터 크리닝, 점화 계통(코일, 배선, 플러그), 엔진 나노메탈복원제 시공, 합성유교환

자동변속기 슬립/충격이 생긴다?
▶ 미션오일량/오염상태 확인, 미션 오일라인 플러싱 및 씰-복원작업, 솔레노이드밸브 크리닝, 미션 나노메탈복원제 시공, 합성유 교환

운행중 온도게이지가 상승한다?
▶ 수온조절기/라지에터 막힘/냉각수(부동액)누수 부족/실린더헤드 변형/전동펜/펜클럿치/워터펌프 점검, 냉각계통 플러싱, 냉각성능개선 및 녹방지제

차가 예전에 비해 힘이없다?
▶ 흡기 및 연소실 카본 크리닝, 엔진오일라인 플러싱, 엔진 정상화(튠업), 엔진 파워밸런스 개선, 인젝터 크리닝, ISC모터세척, 점화계통, 엔진 나노메탈복원제 시공, 합성유 교환

가속시 까르륵 소리가 심하다?
▶ 흡기 및 연소실 카본 크리닝, 엔진 정상화(튠업), 엔진과열/점화시기/불량연료점검, 연료라인 세정첨가제 주입, 냉각계통크리닝, 냉각성능개선제

엔진 소음이 심하다?
▶ 엔진오일점검, 플러싱 및 합성유 교환, 엔진 나노메탈복원제 시공, 타이밍벨트/펜벨트/텐션베어링 점검

아침 시동이 잘 안 걸린다?
▶ 배터리성능저하, 발전기, 시동모터, 전원및접지개선, 암전류(방전)점검

엔진오일이 조금씩 줄어든다?
▶ 오일라인 세정(피스톤 오일링), 밸브가이드 씰 복원 및 교체, 엔진 나노메탈복원제/점도지수 향상제 시공, 고점도 합성유 교환

라이트, 에어컨을 켜면 차량이 많이 떨린다?
▶ 배터리 및 발전기 점검, 접지 포인트개선, 엔진 마운트(미미) 점검, 엔진파워밸런스개선, 흡기 및 ISC모터 크리닝

주행시 차체가 불안하다?
▶ 각종 부싱류(너클,멤버,어퍼암)/하체유격/쇼바 및 마운트 점검, 휠-얼라인먼트/휠-밸런스 교정, 멤버강화와샤/공차체결

에어컨작동시 냄새가 심하다?
▶ 실내항균필터점검, 에바 크리닝, 블로워모터 크리닝, 에어닥트, 실내 연막살균 크리닝

에어컨 냉기가 약하다?
▶ 에어컨가스 점검, 냉동오일 주입, 에바크리닝, 에어컨라인 플러싱, 냉각계통 점검

제동시 페달이 떨리거나 제동력이 저하 되었다?
▶ 브레이크디스크 연마 및 교환, 고급(프리미엄) 라이닝교체, 브레이크오일(DOT4) 교체, 유압실린더/휠 허브베어링 점검

▶ 최고의 자동차 관리비결은 예방정비와 소모품교환입니다. ◀
▶ 소모성 부품만 제때 교환해도 고장율의 70%이상을 줄일 수 있습니다. ◀

• 김태원, 박상윤, 박홍일   • 김태원, 문병철, 권순구, 장민수   • 강대진, 양동희, 고광남

• 어천우, 용윤식   • 김재훈, 정중호, 황인태, 장민수   • 김재훈, 김순경, 유창배, 박종건

• 김재훈, 도영민, 정중호, 이해윤   • 김태원, 박일주, 박홍일, 장성택, 전주수   • 강대진, 한재호, 양동희

Hello, Automobile Chemical Tuning

자동차 케미컬 튜닝

2016년 1월 20일 초판 발행
2016년 8월 20일 초판 2쇄발행

저   자 : 박 일 랑 (자동차정비기능장, 자동차공학사)
도   움 : 윤 영 길 (자동차정비기능장)
          이 경 숙 (자동차정비기능사, 자동차진단평가사)

발 행 인 : 김 길 현
발 행 처 : 도서출판 골든벨
등   록 : 제3-132호(87.12.11)
          © 2016 Golden Bell
ISBN : 979-11-5806-069-5-13550

이 책을 만든 사람들
디자인 : 김한일
제 작 진 행 : 최병석   오프라인 마케팅 : 우병춘, 강승구
웹 매 니 저 : 안재명, 오민선   공 급 관 리 : 오민석, 김경아, 연주민, 김유리

● 주소 : 140-846 서울특별시 용산구 원효로 245(원효로1가53-1)
● TEL : (02)713-4135   ● FAX : (02)718-5510
● E-mail : 7134135@naver.com ● http://www.gbbook.co.kr

※ 파본은 구입하신 서점에서 교환해 드립니다.

정가 : 20,000원